教育部高等学校高职高专测绘类专业教学指导委员会
"十二五"规划教材

# 测量技术基础实训

主　编　潘松庆　　魏福生　　杜向锋
主　审　张保民

学年学期＿＿＿＿＿＿＿＿＿＿＿＿＿＿＿

专　　　业＿＿＿＿＿＿＿＿＿＿＿＿＿＿

年　　　级＿＿＿＿＿＿＿＿＿＿＿＿＿＿

班　　　级＿＿＿＿＿＿＿＿＿＿＿＿＿＿

学　　　号＿＿＿＿＿＿＿＿＿＿＿＿＿＿

姓　　　名＿＿＿＿＿＿＿＿＿＿＿＿＿＿

成　　　绩＿＿＿＿＿＿＿＿＿＿＿＿＿＿

黄河水利出版社

·郑州·

# 内容提要

本书是与《测量技术基础》相配套的测量实训教材,内容包括测量技术基础课程的实验课指导、习题课指导和测量实训指导,还附有国产数字水准仪、全站仪的使用简要说明,以及用 Visual Basic 语言编写的单一导线近似计算程序,此外还有测量实训所用的各种记录和计算表格、测量实训操作考查题选等。本书与《测量技术基础》教材相结合,可着重用于对学生测量技术的外业操作技能和内业计算能力进行全面训练。

本书主要适用于高等职业技术院校、高等专科学校、成人教育学院、职工大学等院校的工程测量技术、工程测量与监理、地理信息系统等测绘类相关专业的测量技术基础及其实训课教学,亦可供生产单位测量、施工等专业技术人员参考。

**图书在版编目(CIP)数据**

测量技术基础实训/潘松庆,魏福生,杜向锋主编 . —郑州:黄河水利出版社,2012.12
教育部高等学校高职高专测绘类专业教学指导委员会
"十二五"规划教材
ISBN 978 - 7 - 5509 - 0402 - 6

Ⅰ.①测…　Ⅱ.①潘…　②魏…　③杜…　Ⅲ.①测量技术 – 高等职业教育 – 教材　Ⅳ.①P2

中国版本图书馆 CIP 数据核字(2012)第 319672 号

出　版　社:黄河水利出版社
　　　　　　地址:河南省郑州市顺河路黄委会综合楼 14 层　　　邮政编码:450003
发行单位:黄河水利出版社
　　　　　　发行部电话:0371 – 66026940、66020550、66028024、66022620(传真)
　　　　　　E-mail:hhslcbs@ 126. com
承印单位:河南承创印务有限公司
开本:787 mm × 1 092 mm　1/16
印张:8.75
字数:202 千字　　　　　　　　　　　　印数:1—4 000
版次:2012 年 12 月第 1 版　　　　　　印次:2012 年 12 月第 1 次印刷

定价:18.00 元

# 前　言

　　《测量技术基础实训》为高职高专规划教材《测量技术基础》的配套教材,主要由三部分组成。第一部分为测量技术实验课指导,内容涵盖水准仪、经纬仪、全站仪的认识使用和检校,水准测量、角度测量、全站仪、GPS RTK 定位测量等基本测量工作,角度、距离、高程和坐标测设等施工测量的基本方法,使用 CASS 软件绘制数字地形图、数字地形图测绘、在工程施工中应用 CASS 软件和数字地形图测绘,以及用 Visual Basic 程序进行单一导线的近似计算等 19 项实验。第二部分为测量技术习题课指导,内容包括水准测量、导线测量、纸质地形图的应用和施工场地平整设计及土方量计算等四项习题课。第三部分为测量技术实训指导,包括测量技术实训的性质、任务和基本要求、实训的主要内容、时间、场地及人员组织、作业时间分配、领用仪器、具体作业内容和技术要求、注意事项、实训成果、测量新仪器和新技术介绍、操作考核及成绩评定等。

　　本书的实验课和习题课指导,不仅有每次实验课或习题课的技能目标、内容、安排、步骤及注意事项,还包括需要学生完成的实验报告和思考题,项目完整,内容详细,而且本书还附有国产数字水准仪、全站仪使用的简要说明,及用 Visual Basic 语言编写的单一导线近似计算程序,此外还有测量技术实训作业的各种记录、计算表格和操作考查题选,供实训教学使用,其目的在于加强测量技术基础课理论和实践教学的可结合性和实验、习题、实训及其考查的可操作性,并且强化对学生测量外业操作和内业计算能力的全面训练。

　　本书由广州城建职业学院潘松庆教授、广东环境保护工程职业学院魏福生老师和广东工贸职业技术学院杜向锋老师担任主编,广东水利电力职业技术学院张保民教授担任主审。参加本书编写工作的还有广州城建职业学院廖明惠老师、广东环境保护工程职业学院祝军权老师和广东工贸职业技术学院刘丽老师,以及广东省核工业地质局测绘院段杰高级工程师和广州南方卫星导航仪器有限公司李冬晓工程师。

　　编者谨此向张保民教授及其他为本书的编写和出版提供宝贵意见和热心帮助的专家表示诚挚谢忱! 对于本书引用参考文献中的资料、插图的原作者表示衷心感谢。

　　本书主要适用于高等职业技术院校、高等专科学校、成人教育学院、职工大学等院校的工程测量技术、工程测量与监理、地理信息系统等测绘类相关专业的测量技术基础及其实训课教学,亦可供生产单位测量、施工等专业技术人员参考。

　　由于编者水平所限,书中疏漏、错误和不足之处恳请广大师生和读者批评指正。

**编　者**

2012 年 12 月

# 目　录

# 第一部分 测量实验课指导

## 测量实验须知

测量是一门理论和实践并重的技术基础课程,其中一个重要的教学环节就是实验课。通过实验课的实践教学和操作训练,可以更好地理解和掌握有关测量的理论知识和作业技能。因此,对测量实验课应予以足够的重视。

### 一、课前须知

(1)实验课前应认真复习教材中有关内容,做到对仪器的使用和实验的方法心中有数。

(2)仔细阅读实验指导书,明确实验的技能目标、内容、方法、步骤和要求。

(3)准备好计算器、铅笔、小刀等工具。

### 二、上课须知

(1)遵守课堂纪律,不得迟到、早退,禁止打闹、玩耍。

(2)按指导书规定步骤操作,发现问题应及时报告指导教师予以解决。

(3)如遇仪器故障,应立即向指导教师汇报,不得随意自行处理。

### 三、使用仪器须知

(1)认真办理仪器借用手续,借用时仔细登记,用完后逐件验收。

(2)领取仪器时,应认真检查仪器及脚架各部分是否完好、能否正常使用。

(3)自箱内取出仪器前,应先看清仪器在箱内安放的位置和方向,以便仪器用毕后按原位置顺利装箱。

(4)取仪器时,应先放松制动螺旋,以免强行扭转仪器部件而使轴系受到损坏。

(5)用双手将仪器从箱内托出,轻拿轻放,不要单手抓仪器,不要用手触摸或用手绢擦拭仪器的目镜、物镜等光学部分。

(6)安置仪器时,首先应旋紧中心连接螺旋,使仪器和脚架固紧,否则很有可能使仪器自脚架滑落,受到严重损坏。

(7)架设仪器时,三条架腿的分开和高度应适中,既使仪器重心稳定,又便于观测。在松软土地上安置仪器时应将架腿脚尖踩实,在水泥等坚实路面上安置仪器时应用细绳等将三条架腿固连,以免架腿滑倒摔坏仪器。

(8)沿道路设站时,测站和安放标尺的转点均应靠近路边,以免往返车辆或行人碰撞仪器。

（9）取出仪器后，应将仪器箱盖好，以免灰沙侵入。仪器箱不能承重，不可坐人。

（10）在使用过程中，应撑伞保护仪器，既免日晒，亦防雨淋。仪器旁应始终有人守护。

（11）观测时，转动仪器前要松开制动螺旋，使用微动螺旋前要旋紧制动螺旋。目镜、物镜的调焦螺旋、基座的脚螺旋及各种微动螺旋都只能用其中间部分，即不可旋至其两端，以免损坏螺旋。

（12）观测时，转动仪器应平稳，用力应均匀，按规定方向旋转，避免盲目转动。

（13）数字水准仪、全站仪作业地点应避开高压线、变压器等强电磁场的干扰，反射棱镜后面不应有反光镜或强光源。全站仪开机后首先应使照准部和望远镜各旋转一周以上，使水平度盘和竖直度盘归于零位。操作时，应在熟悉作业程序和操作步骤的基础上，轻转照准部和望远镜，并按仪器说明书依序轻按有关操作键。不要随意改动仪器的常数设置，也不要用望远镜照准太阳或瞄准他人。

（14）仪器用毕应将各制动螺旋松开，装箱后应轻轻试盖，在确认安放正确后再旋紧各制动螺旋，以免仪器在箱内自由转动，受到损坏。

（15）清点箱内附件完好后，将箱盖扣件扣紧，最后将仪器箱锁好，以免再次使用提起仪器时，发生箱盖自动打开摔出仪器的严重事故。

（16）实验结束，应对借用的所有仪器、工具进行清点，不得损坏和遗失，如有损坏或遗失，应予以赔偿。

### 四、记录须知

（1）所有观测数据必须保证其真实性，即时记入手簿。手簿应事先编好页码或装订成册。不得记在草稿纸上然后转抄，严禁伪造数据。

（2）记录数字应清晰工整，不得涂改、字改字或连环更改，也不能用橡皮擦，如发现有误，可用细线划去，然后在其上方予以更正。

（3）实验过程中应按规定及时对观测数据进行计算，并将计算结果与有关限差进行比较，只有在满足一个步骤的检核后，才能进行下一步观测。

（4）观测数据的取位：水准测量至 mm；角度测量至秒，分和秒都应记满两位，如 $1°0'6''$ 应记为 $1°00'06''$；距离测量至 mm；视距读数至 mm。

### 五、计算须知与函数型计算器进行角度运算和坐标转换须知

参见《测量技术基础》附录一。

# 实验一　DS₃ 型水准仪认识和使用

## 一、技能目标

能使用 DS₃ 型水准仪。

## 二、内容

(1)了解 $DS_3$ 型水准仪各部件及有关螺旋的名称和作用。

(2)掌握水准仪的安置和使用方法。

(3)练习用水准仪测定地面两点间高差的方法。

## 三、安排

(1)时数:课内 2 学时,每小组 2~4 人。

(2)仪器:每组领 $DS_3$ 型水准仪 1 台、测伞 1 把、记录板 1 块。

(3)场地:在一较平整场地不同高度的 3~5 个地面点上分别竖立水准尺,仪器至水准尺的距离不宜超过 50 m。

## 四、步骤

### (一)安置水准仪

松开架腿,调节其长度后将架腿螺旋拧紧;将三角架张开,使其高度大致与胸口齐,架头大致水平,并将架腿的尖部踩入土中(或插在坚硬路面的凹陷处);从仪器箱中取出水准仪,用中心连接螺旋将其固连到脚架上。

### (二)认识水准仪

了解仪器各部件及有关螺旋的名称、作用和使用方法,熟悉水准尺的刻划和注记。

### (三)粗平

按"左手法则",用双手同时对向转动一对脚螺旋,使圆水准气泡移至中间,再转动另一脚螺旋使气泡居中。

### (四)瞄准

先目镜调焦,以天空或粉墙为背景,转动目镜对光螺旋,使十字丝清晰;后照准目标,转动望远镜,通过其上的准星和缺口照准标尺,固定水平制动螺旋,旋转微动螺旋,使标尺成像在望远镜视场中央;再物镜调焦,旋转物镜对光螺旋,使标尺的影像清晰,同时检查是否存在视差现象,如存在,反复调焦,加以消除。

### (五)精平

旋转微倾螺旋,使水准管气泡符合,即使其左右影像下端吻合成半圆状(微倾螺旋的旋转方向应与符合气泡的左侧影像移动方向相一致)。

### (六)读数

读取十字丝中丝在水准尺上所指处应有的数字,计四位,以 m 为单位,估读至 mm。

### (七)测定高差

先按上述步骤照准 $A$ 点标尺,精平后读数,记为后视读数 $a$;再照准 $B$ 点标尺,精平后读数,记为前视读数 $b$。由此计算 $A$ 点至 $B$ 点的高差为

$$h_{AB} = a - b$$

变动仪器高后重复上述步骤,再次计算得 $A$ 点至 $B$ 点的高差,并将有关读数和算得的高差记入表 S1,最后通过较差 $\Delta h$ 检查练习的效果。

参见《测量技术基础》模块一项目一任务一。

五、注意事项

(1)标尺读数前都应检查是否存在视差,如有视差一定要反复通过物镜调焦,予以消除。
(2)标尺中丝读数前都应旋转微倾螺旋使符合气泡符合,不符合不能读数。

# 实验一报告

实验名称:DS$_3$型水准仪的认识和使用

日期____天气____专业____年级____班级____小组____观测____记录____

## 一、实验记录

水准仪测定高差练习记录见表 S1。

表 S1　水准仪测定高差练习

| 测站 | 点号 | | 后视读数<br>(m) | 前视读数<br>(m) | 高差 h<br>(m) | Δh<br>(mm) | 说明 |
|---|---|---|---|---|---|---|---|
| 第1次 | | 后 | | | | | |
| | | 前 | | | | | |
| 第2次 | | 后 | | | | | |
| | | 前 | | | | | |

## 二、实验成果

(1)二次观测高差较差的容许值为_____ mm,此次实验成果_____要求。

(2)二次观测 A 点至 B 点高差的平均值为_____ m,说明 B 点比 A 点_____。如果假设 A 点的高程 $H_A = 10.000$ m,可知仪器的视线高程 $H_I =$ _____ m;B 点的高程 $H_B =$ _____ m。

## 三、实验答题

(1)粗平仪器,使圆水准器气泡居中,应旋转_____;转动望远镜,照准目标,使标尺影像位于望远镜视场中央,应旋转_____和_____;使十字丝清晰,应旋转_____;使标尺影像清晰,应旋转_____;精平仪器,使符合气泡居中,应旋转_____。

(2)粗平仪器时,旋转脚螺旋应遵循_____法则;照准目标时,应通过反复_____,消除_____;中丝读数前,一定要使符合气泡左右两半的影像_____,其目的是_____。

(3)在测定两点间高差时,当望远镜由后视转向前视时,如发现圆水准器气泡偏离中心,不能再_____,这是因为_____;但如发现符合水准气泡偏离中心,则一定要_____,这是因为_____。

# 实验二　普通水准测量

## 一、技能目标

能进行普通水准测量的外业观测和内业计算。

## 二、内容

每小组完成一条闭合路线水准测量的观测,每人独自完成其内业计算。

## 三、安排

(1)时数:课内 3 学时（外业 2 学时,内业 1 学时）,每小组 4~5 人。

(2)仪器:每组领 DS$_3$ 型水准仪 1 台、水准尺 1 对、尺垫 2 只、测伞 1 把、记录板 1 块。

(3)场地:在一较平整场地设置一条闭合水准路线,设起始点 A 为已知点,中间设二待定点 B 和 C(A、B、C 均应有地面标志或打有木桩),闭合路线全长约 300 m( 见图 S1 )。

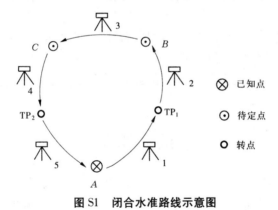

图 S1　闭合水准路线示意图

## 四、步骤

### (一)外业部分

1. 观测方法

从已知 A 点出发,以普通水准测量经 B、C 点,再测回 A 点。全线分为 3 个测段,第 1、3 测段各有 1 个转点,第 2 测段无转点,计 5 个测站(见图 S1)。每测站均用变动仪高法测定两次高差进行检核,将有关读数和算得的高差记入表 S2。

2. 注意事项

(1)除已知点 A 和待定点 B、C 外,现场临时设置的立尺点称为转点（用 TP$_i$ 表示）,作传递高程用。在 A、B、C 点上立尺不用尺垫,在转点上立尺需用尺垫。

(2)应尽量靠路边设置转点和安置测站。测站安置仪器时,应使前、后视距离大致相等。

（3）每测站变动仪器高前、后所得两次高差的较差应不超过 ±6 mm。记录员应当场计算高差及其较差，符合要求方能迁站。

（4）迁站时，前视尺（连同尺垫）不动，即变为下一测站的后视尺，而将本站的后视尺调为下一站的前视尺。

（5）观测完毕后，应对整个记录进行计算检核，即所有测站两次观测的后视读数之和 $\sum a$ 减去前视读数之和 $\sum b$ 应等于所有测站高差平均值之和的 2 倍，即 $2\sum h_{均}$。

（6）照准标尺读数前务必注意消除视差和使水准管气泡符合。

**（二）内业部分**

1. 计算待定点的高程

假设 $A$ 点已知高程 $H_A = 50.000$ m，将其高程、每测段内的测站数及由各测站高差取和得到的测段高差观测值填入表 S3，进行高差闭合差的调整和计算待定点 $B$、$C$ 的高程。其计算步骤为：

（1）高差闭合差计算与检核，高差闭合差的容许值为 $\pm 12\sqrt{n}$ mm（$n$ 为测站数）。

（2）高差闭合差调整，即将闭合差反号，按与各测段所含测站数成正比的原则进行分配，得到各测段的高差改正数。

（3）计算待定点高程。参见《测量技术基础》模块一项目一任务二。

2. 注意事项

（1）如果由于凑整误差，使高差改正数与高差闭合差的绝对值不完全相符，可将其差值凑到距离长的测段高差改正数中。

（2）高程计算栏最后一行起始点高程的计算值应和其已知值完全吻合，否则应检查计算是否有误。

# 实验二报告

实验名称：普通水准测量

日期____天气____专业____年级____班级____小组____观测____记录____

一、实验记录

水准测量记录见表 S2。

表 S2　水准测量记录

| 测站 | 点号 | | 后视读数 $a$（m） | 前视读数 $b$（m） | 高差 $h$（m） | 平均高差 $h_{均}$（m） | 说明 |
|---|---|---|---|---|---|---|---|
| | 仪高（1） | | | | | | |
| | | | | | | | |
| | 仪高（2） | | | | | | |
| | | | | | | | |

| 测站 | 点号 | | 后视读数 $a$（m） | 前视读数 $b$（m） | 高差 $h$（m） | 平均高差 $h_{均}$（m） | 说明 |
|---|---|---|---|---|---|---|---|
| | 仪高（1） | | | | | | |
| | 仪高（2） | | | | | | |
| | 仪高（1） | | | | | | |
| | 仪高（2） | | | | | | |
| | 仪高（1） | | | | | | |
| | 仪高（2） | | | | | | |
| | 仪高（1） | | | | | | |
| | 仪高（2） | | | | | | |
| | 仪高（1） | | | | | | |
| | 仪高（2） | | | | | | |
| | 仪高（1） | | | | | | |
| | 仪高（2） | | | | | | |
| | 仪高（1） | | | | | | |
| | 仪高（2） | | | | | | |
| 检核 | $\sum a - \sum b =$ | | | $2\sum h_{均} =$ | | | |

## 二、内业计算

高差闭合差调整及待定点高程计算见表 S3。

**表 S3　高差闭合差调整及待定点高程计算**

计算_____ 检查_____

| 点号 | 测站数 | 距离<br>（km） | 实测高差<br>（m） | 改正数<br>（mm） | 改正后高差<br>（m） | 高程<br>（m） |
|---|---|---|---|---|---|---|
| A | | | | | | |
| B | | | | | | |
| C | | | | | | |
| A | | | | | | |
| Σ | | | | | | |
| 辅助<br>计算 | $f_h =$<br>$f_{h容} = \pm 12 \sqrt{n} =$　　　　　（mm）或 $f_{h容} = \pm 40 \sqrt{L} =$　　　　　（mm） | | | | | |

## 三、实验成果

（1）测站两次观测高差较差的容许值为_____ mm，此次实验最大测站较差为_____ mm；路线高差闭合差容许值为_____ mm，此次实验路线高差闭合差为_____ mm，说明实验成果_____要求。

（2）A 点的假定高程为 $H_A =$_____ m，经高差闭合差调整，算得 B 点的高程 $H_B =$_____ m、C 点的高程 $H_C =$_____ m。

## 四、实验答题

（1）水准测量观测时应将仪器脚架和转点上的尺垫踩实，以防止仪器或尺垫下沉，其目的是_____；迁站时，前视尺（连同尺垫）不动，而将本站的后视尺调为下一站的前视尺，其目的是_____。

（2）测站安置仪器时，应使前、后视距大致相等，其目的是_____。

（3）观测中如果标尺偏斜，必然使读数变_____，从而给测站高差带来影响，因此立尺一定要竖直。

（4）在路线水准测量中，如果每测站的检核均通过，但最后的路线高差闭合差不符合要求，其原因可能是_____

_____。

（5）在高差闭合差小于容许值的前提下，进行高差闭合差的调整，是为了_____

_____,

如果高差闭合差大于容许值,则_____

_____。

(6)实验场地平坦,因而高差闭合差按照与测段所含测站数成正比的原则进行调整,如果是在丘陵山区,则高差闭合差调整的原则是_____。

# 实验三　四等水准测量

## 一、技能目标

能进行四等水准测量的外业观测和内业计算,并熟悉等级水准测量和普通水准测量的异同点。

## 二、内容

每小组完成一条闭合路线的四等水准测量,每人独自完成其内业计算。

## 三、安排

(1)时数:课内 2 学时(内业计算课外完成),每小组 4~5 人。

(2)仪器:每组领 DS$_3$ 型水准仪 1 台、双面水准尺 1 对、尺垫 2 只、测伞 1 把、记录板 1 块。

(3)场地:与普通水准测量闭合水准路线相同(参见图 S1)。

## 四、步骤

(1)从已知 A 点出发,以四等水准测量经 B、C 点,再测回 A 点。全线计含 6 个测站,即每个测段各含 2 个测站。将有关读数和算得的测站高差记入表 S5。

(2)整条路线观测完成后,应计算高差闭合差,其容许值为 $\pm 20\sqrt{L}$ mm($L$ 为全长千米数)。

(3)若高差闭合差符合要求,则将各测段内的测站高差中数取和成为测段高差观测值。将三个测段的高差观测值和测站数分别填入表 S6,进行高差闭合差调整和计算待定点 B、C 的高程。

参见《测量技术基础》模块二项目一任务四。

## 五、注意事项

(1)在 A 点和 B、C 点上立尺不用尺垫,在转点上立尺需用尺垫。

(2)每测站的观测程序为:

①照准后视尺黑面,读取上丝读数、下丝读数、中丝读数;

②照准前视尺黑面,读取上丝读数、下丝读数、中丝读数;

③照准前视尺红面,读取中丝读数。

④照准后视尺红面,读取中丝读数;

以上观测的顺序简称"后-前-前-后",在坚实的道路或场地上观测亦可按"后-后-前-前"的顺序进行,凡中丝读数前均应使水准管气泡符合。

(3)每测站根据上述读数,需进行10项计算(见记录表格),所有结果均符合限差要求后方能迁站。其限差如表S4所示。

表 S4　测站限差

| 等级 | 视线长度<br>(m) | 视线高度 | 后、前视距差<br>(m) | 后、前视距<br>累计差(m) | 黑、红面读<br>数差(mm) | 黑、红面高<br>差之差(mm) |
|---|---|---|---|---|---|---|
| 四等 | 100 | 三丝能读数 | 5.0 | 10.0 | 3.0 | 5.0 |

(4)迁站时,前视尺(连同尺垫)不动,即变为下一测站的后视尺,而将本站的后视尺调为下一测站的前视尺,相邻测站前、后尺的红、黑面起始读数差4.687 m和4.787 m也将随之对调。

(5)观测完毕后,还应对整个记录进行计算检核,计算检核项目见《测量技术基础》模块二项目一任务四。

# 实验三报告

实验名称:四等水准测量

日期____天气____专业____年级____班级____小组____观测____记录____

一、实验记录

四等水准测量记录见表S5。

二、实验计算

高差闭合差调整及待定点高程计算见表S6。

三、实验成果

(1)此次实验中最大的测站前、后视距差为_____mm,前、后视距累计差为____mm,红、黑面读数差为_____mm,红、黑面高差之差为_____mm,实测路线高差闭合差为_____mm,说明实验成果____要求。

(2)假设 $A$ 点的高程为 $H_A =$ _____ m,经高差闭合差调整,算得 $B$ 点的高程 $H_B =$

_____ m，C 点的高程 $H_C =$ _____ m。

表 S5　四等水准测量记录

| 测站编号 | 点号 | 后尺 上/下 后视距(m) 前、后视距差(m) | 前尺 上/下 前视距(m) 累计差(m) | 方向及尺号 | 水准尺读数（m） 黑面 | 水准尺读数（m） 红面 | $K+$黑$-$红（mm） | 高差中数（m） | 说明 |
|---|---|---|---|---|---|---|---|---|---|
| | | (1) | (4) | 后 | (3) | (8) | (13) | | $K_1 =$ |
| | | (2) | (5) | 前 | (6) | (7) | (14) | (18) | |
| | | (9) | (10) | 后－前 | (16) | (17) | (15) | | $K_2 =$ |
| | | (11) | (12) | | | | | | |
| 1 | | | | 后1 | | | | | |
| | | | | 前2 | | | | | |
| | | | | 后－前 | | | | | |
| | | | | | | | | | |
| 2 | | | | 后2 | | | | | |
| | | | | 前1 | | | | | |
| | | | | 后－前 | | | | | |
| | | | | | | | | | |
| 3 | | | | 后1 | | | | | |
| | | | | 前2 | | | | | |
| | | | | 后－前 | | | | | |
| | | | | | | | | | |
| 4 | | | | 后2 | | | | | |
| | | | | 前1 | | | | | |
| | | | | 后－前 | | | | | |
| | | | | | | | | | |
| 校核 | | $\sum(9) =$ $\sum(10) =$ (12)末站$=$ 总距离$=$ | | | $\sum(3) =$ $\sum(6) =$ $\sum(16) =$ $\frac{1}{2}[\sum(16)+\sum(17)\pm0.100] =$ | $\sum(8) =$ $\sum(7) =$ $\sum(17) =$ | | $\sum(18) =$ | |

**表 S6 高差闭合差调整及待定点高程计算**

| 点号 | 测站数 | 距离<br>（km） | 实测高差<br>（m） | 改正数<br>（mm） | 改正后高差<br>（mm） | 高程<br>（m） |
|---|---|---|---|---|---|---|
| A | | | | | | |
| B | | | | | | |
| C | | | | | | |
| A | | | | | | |
| Σ | | | | | | |
| 辅助<br>计算 | $f_h=$<br>$f_{h容}=\pm20\sqrt{L}=$ （mm） | | | | | |

## 四、实验答题

（1）测站观测数据计算中，前、后视距差和前、后视距累计差的区别在于_____
_____。

（2）一对双面水准尺的红、黑面起始读数差 $K_1$、$K_2$ 不相同，是为了_____
_____。在
计算一测站的红、黑面高差之差和红、黑面高差平均数时，当_____
_____时，应在 $h_红$ 前面 +0.100 m；当_____
_____时，应在 $h_红$ 前面 -0.100 m。

（3）整条线路应尽量安排偶数站，其目的是_____
_____。

（4）通过实验可知四等水准测量和普通水准测量的相同点在于_____
_____，不同点在于_____
_____。

# 实验四　微倾式水准仪检验和校正

## 一、技能目标

能进行微倾式水准仪的检验和校正。

## 二、内容

首先，了解微倾式水准仪主要轴线的名称和所在的位置，并对仪器的各组成部分和相关螺旋的有效性进行一般检查,然后进行水准仪的三项检验校正。

## 三、安排

(1)时数:课内 2 学时,每小组 4～5 人。

(2)仪器:每组领 DS$_3$ 型水准仪 1 台、水准尺 1 对、尺垫 2 只、校正针 1 根、测伞 1 把、记录板 1 块。

(3)场地:较平整,距离约 80 m。

## 四、步骤

### (一)圆水准轴检验和校正

(1)检验:先转动脚螺旋使圆水准器气泡居中,再将望远镜旋转 180°,看圆水准器气泡是否仍居中。若仍居中,说明条件满足;若气泡偏离黑圈外,说明条件不满足,需要校正。

(2)校正:稍许松动圆水准器底部固定螺丝,用校正针拨动圆水准器校正螺丝令气泡返回偏离量的一半,使条件满足;再旋转脚螺旋令气泡居中,使仪器整平,最后将底部固定螺丝旋紧。重复该项检校,直至条件满足。

检验和校正情况绘图说明见表 S7。

### (二)十字丝横丝检验和校正

(1)检验:用望远镜十字丝横丝一端对准某点状标志,固紧制动螺旋,旋转微动螺旋,使望远镜水平微动,看该点状标志是否偏离横丝。若不偏离,说明条件满足;否则说明条件不满足,需要校正。

(2)校正:卸下目镜护罩,松开十字丝分划板的固定螺丝,稍许转动十字丝环,使点状标志相对中横丝的偏离量减少一半,重复该项检校,直至条件满足。最后,将固定螺丝旋紧,装上目镜护罩。

检验和校正情况绘图说明见表 S8。

### (三)水准管轴检验和校正

1. 检验

地面选 $J_1$、$A$、$B$、$J_2$ 四点,总长 61.8 m,相邻点间距均为 20.6 m,其中 $A$、$B$ 点放置尺垫并竖立水准尺(见图 S2),再实施以下步骤:

(1)将仪器安置于 $J_1$ 点,照准二尺,分别进行四次读数,取平均得 $a_1$、$b_1$,并算得 $A$、$B$ 的第 1 次高差 $h_{AB} = a_1 - b_1$。

(2)将仪器安置于 $J_2$ 点,再次照准二尺,分别进行四次读数,取平均得 $a_2$、$b_2$,并算得 $A$、$B$ 的第 2 次高差 $h'_{AB} = a_2 - b_2$。

(3)计算:仪器的 $i$ 角对近端标尺读数的影响值 $\Delta = \dfrac{h'_{AB} - h_{AB}}{2}$(mm),仪器的 $i$ 角为 $i'' = 10\Delta$。

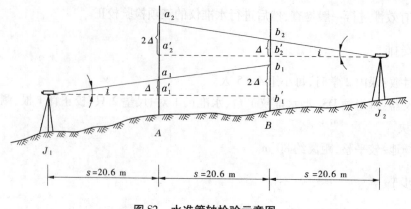

**图 S2 水准管轴检验示意图**

若 $i$ 超过 $\pm 20''$，即需进行校正。

2. 校正

其步骤为：

(1)计算此时 $A$ 尺的正确读数 $a_2' = a_2 - 2\Delta$。

(2)旋转微倾螺旋,使十字丝中丝对准 $A$ 尺的正确读数 $a_2'$,水准管气泡自然不再居中。

(3)用校正针拨动水准管上、下校正螺丝,使气泡左、右影像重新符合。

(4)使仪器照准 $B$ 尺,检查其读数是否变为正确读数 $b_2' = b_2 - \Delta$,如不相等,重复该项检校,直至条件满足。

检验和校正数据记录于表 S9。

参见《测量技术基础》模块一项目一任务三。

## 五、注意事项

(1)仪器如需校正,应在老师指导下进行。

(2)三项检验校正依上述顺序进行,不应颠倒。

(3)用校正针拨动校正螺丝时,应先松后紧,稍许用力,以免损坏螺丝。

# 实验四报告

实验名称:微倾式水准仪检验和校正

日期____天气____专业____年级____班级____小组____观测_____记录_____

## 一、实验记录

### (一)圆水准轴检验和校正

圆水准轴检验和校正可绘图说明,见表 S7。

**表 S7　圆水准轴检验和校正绘图说明**

| 项目 | 整平后圆水准器气泡位置 | 望远镜转180°后气泡位置 |
|---|---|---|
| 检验时 | | |
| 校正后 | | |

## （二）十字丝横丝检验和校正

十字丝横丝检验和校正可绘图说明，见表 S8。

**表 S8　十字丝横丝检验和校正绘图说明**

| 项目 | 检验时 | 校正后 |
|---|---|---|
| 点状标志偏离中横丝的情况 | | |

## （三）水准管轴检验和校正

水准仪 $i$ 角误差检验记录见表 S9。

**表 S9　水准仪 $i$ 角误差检验记录**

| 第 1 次（校正前） | | | | 第 2 次（校正后） | | | |
|---|---|---|---|---|---|---|---|
| 测站 | 点号 | 读数（m） | 高差（mm） | 测站 | 点号 | 读数（m） | 高差（mm） |
| $J_1$ | $A$ | $a_1 =$ | $h_{AB} = a_1 - b_1$ $=$ | $J_1$ | $A$ | $a_1 =$ | $h_{AB} = a_1 - b_1$ $=$ |
| | $B$ | $b_1 =$ | | | $B$ | $b_1 =$ | |
| $J_2$ | $A$ | $a_2 =$ | $h'_{AB} = a_2 - b_2$ $=$ | $J_2$ | $A$ | $a_2 =$ | $h'_{AB} = a_2 - b_2$ $=$ |
| | $B$ | $b_2 =$ | | | $B$ | $b_2 =$ | |
| $\Delta = \dfrac{h'_{AB} - h_{AB}}{2} =$ | | | $i'' = 10\Delta$ $=$ | $\Delta = \dfrac{h'_{AB} - h_{AB}}{2} =$ | | | $i'' = 10\Delta$ $=$ |

二、实验成果

（1）圆水准轴的检校，检验时望远镜转 180° 气泡_____，说明_____；校正后望远镜转 180° 气泡_____，说明_____。

（2）十字丝横丝的检校，检验时点状标志偏离中横丝_____，说明_____；校正后点状标志偏离中横丝_____，说明_____。

（3）水准管轴的检校，检验得 $i$ = _____，说明_____；校正后 $i$ = _____，说明_____。

三、实验答题

（1）圆水准轴检校，目的是使_____，如果该条件不满足，其原因是_____。

（2）十字丝横丝检校，目的是使_____，如果该条件不满足，其原因是_____。

（3）水准管轴检校，目的是使_____，如果该条件不满足，其原因是_____。

（4）在圆水准轴检校中，只要用校正针拨动圆水准器校正螺丝令气泡返回偏离量的一半，就可使条件满足，其理由是_____；如果校正后仍有剩余误差，可通过_____来整平仪器。

（5）在水准管轴检校中，四点间距均设为 20.6 m，是为了_____，由检验所得 $i$ = _____，表明此时望远镜视准轴为向____倾斜。

（6）如果校正后仍有剩余的 $i$ 角误差，可通过_____来消除它对测站高差的影响。

# 实验五  数字水准仪认识和使用

## 一、技能目标

能使用 DL－202 型数字水准仪。

## 二、内容

（1）了解 DL－202 型数字水准仪各部件及有关螺旋的名称和作用。
（2）掌握 DL－202 型数字水准仪的使用方法。
（3）练习用数字水准仪进行高程高差测量和线路高程测量。

## 三、安排

（1）时数：课内 2 学时，每小组 2 ~ 4 人。

（2）仪器:每组领 DL－202 型数字水准仪 1 台、编码水准尺 1 根、测伞 1 把、记录板 1 块。

（3）场地:与实验二的闭合水准路线相同。

## 四、步骤

### （一）安置仪器

与 DS₃ 型水准仪安置相同。

### （二）粗平

按"左手法则"旋转脚螺旋,使圆水准器气泡居中。

### （三）认识 DL－202 型数字水准仪

了解仪器各部件的名称和作用,开机,熟悉仪器操作键及其功能,以及各级菜单的内容和使用方法。

### （四）瞄准

先目镜调焦,以天空或粉墙为背景,转动目镜对光螺旋,使十字丝清晰;后照准目标,转动望远镜,通过其上的准星和缺口照准标尺,固定水平制动螺旋,旋转微动螺旋,使标尺成像在望远镜视场中央;再物镜调焦,旋转物镜对光螺旋,使标尺的影像清晰,同时检查是否存在视差现象,若存在,反复调焦,加以消除。

### （五）观测

（1）按［MENU］键—进入标准测量模式—照准标尺—按［MEAS］键测量标尺读数和视距。

（2）按［MENU］键—进入高程高差模式—输入后视点高程—照准后视标尺—按［MEAS］键测量后视尺读数和视距—照准前视标尺—按［MEAS］键测量前视尺读数和视距—显示前视点高程和后视点、前视点的高差,有关显示结果记入表 S10。

### （六）线路测量

线路水准测量示意见图 S3。

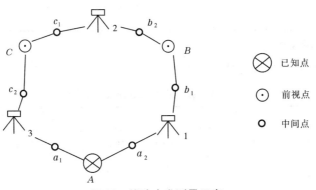

图 S3　线路水准测量示意

从已知点 A 出发,经 B、C 点,再测回 A 点。全线分为 3 段,每段 1 个测站,无转点,但在设站点前、后各增设 1 个"中间点"(见图 S3)。假设 A 点高程 $H_A = 30.000$ m,测定每个测站前视点以及中间点的高程和测站高差,并将最后一站测得的 A 点高程和其已知值进行比较,将其各站有关显示结果记入表 S11。

## 五、注意事项

参见《测量技术基础》模块一项目一任务五之数字水准仪部分和本书附录一:南方测绘 DL-202 型数字水准仪使用简要说明。

# 实验五报告

实验名称:DL-202 型数字水准仪认识和使用

日期____天气____专业____年级____班级____小组____观测_____记录_____

## 一、实验记录

### (一)标准测量模式和高程高差模式

数字水准仪高程高差测量记录如表 S10 所示。

表 S10　数字水准仪高程高差测量记录

作业名_____

| 测站 | 点号 | 后视点 | | 前视点 | | 高差<br>(m) | 高程<br>(m) |
|---|---|---|---|---|---|---|---|
| | | 读数(m) | 视距(m) | 读数(m) | 视距(m) | | |
| | | | | | | | |
| | | | | | | | |
| | | | | | | | |
| | | | | | | | |
| | | | | | | | |

### (二)线路测量模式

数字水准仪线路测量记录如表 S11 所示。

表 S11　数字水准仪线路测量记录

| 测站<br>本站高差 | 点号 | 后视点 | | 中间点 | | 前视点 | | 高程<br>(m) | 线路<br>总长<br>(m) |
|---|---|---|---|---|---|---|---|---|---|
| | | 读数<br>(m) | 视距<br>(m) | 读数<br>(m) | 视距<br>(m) | 读数<br>(m) | 视距<br>(m) | | |
| | | | | | | | | | |
| | | | | | | | | | |
| | | | | | | | | | |
| | | | | | | | | | |

| 测站<br>本站高差 | 点号 | 后视点 | | 中间点 | | 前视点 | | 高程<br>（m） | 线路<br>总长<br>（m） |
|---|---|---|---|---|---|---|---|---|---|
| | | 读数<br>（m） | 视距<br>（m） | 读数<br>（m） | 视距<br>（m） | 读数<br>（m） | 视距<br>（m） | | |
| | | | | | | | | | |
| | | | | | | | | | |
| | | | | | | | | | |
| | | | | | | | | | |
| | | | | | | | | | |
| | | | | | | | | | |
| | | | | | | | | | |

## 二、实验成果

已知 $A$ 点高程 $H_A =$ _____，线路闭合后测得 $H_A =$ _____，二者较差即线路闭合差 = _____ m。

## 三、实验答题

(1) 数字水准仪通过按_____键，选择测量模式。测量模式中的标准测量模式是指_____，高程高差模式是指_____，线路测量模式是指_____。

(2) 数字水准仪安置时不需要精平仪器，这是因为_____，但须粗平，即旋转脚螺旋使圆水准器气泡居中，这是因为_____。

(3) 线路测量时，后视点是指_____的点，中间点是指_____的点，前视点是指_____的点。

(4) 测量数据的记录可用的存储模式有_____、_____和_____，可以通过_____查看测量成果。

# 实验六　DJ$_6$ 型经纬仪认识和使用

## 一、技能目标

能使用 DJ$_6$ 型光学经纬仪。

## 二、内容

(1)了解 DJ$_6$ 型经纬仪各部件及有关螺旋的名称和作用。

(2)掌握经纬仪的对中、整平、瞄准和读数方法。

(3)练习用经纬仪盘左位置测量两个方向之间的水平角。

## 三、安排

(1)时数:课内 2 学时,每小组 2～4 人。

(2)仪器:每组领 DJ$_6$ 型经纬仪 1 台、测伞 1 把、记录板 1 块。

(3)场地:设测站点为 $O$,远处选择两个背景清晰的直立目标 $A$ 与 $B$。

## 四、步骤

### (一)认识经纬仪

1. 安置

松开架腿,调节其长度后拧紧架腿螺旋;将三角架张开,使其高度约与胸口平,移动三角架,使其中心大致对准地面测站点标志,架头基本水平,然后将架腿的尖部踩入土中(或插在坚硬路面的凹陷处);从仪器箱中取出经纬仪,用中心连接螺旋将其固连到脚架上。

2. 认识

了解仪器各部件及有关螺旋的名称、作用和使用方法,熟悉读数窗内度盘和分微尺影像的刻划和注记。

### (二)使用经纬仪

1. 对中

先练习使用悬挂在中心连接螺旋挂钩上的垂球进行对中。

2. 整平

安置经纬仪时挪动架腿,使脚架头表面大致水平,旋转脚螺旋使圆水准器气泡居中,使仪器粗略整平;再使照准部水准管与任两脚螺旋的连线平行,按照"左手法则",旋转该两脚螺旋使照准部水准管气泡居中,将照准部旋转 90°,旋转第三个脚螺旋使气泡居中。反复操作,直至仪器旋转至任意方向,水准管气泡均居中,即使仪器精确整平。

在练习使用光学对中器的同时进行仪器的对中和整平,具体方法参见《测量技术基础》模块一项目二任务一。要求:对中误差不超过 1 mm,整平误差即气泡偏离中心不超过 1 格。

3. 照准

先松开照准部和望远镜的制动螺旋,将望远镜指向明亮的背景或天空,旋转目镜调焦螺旋,使十字丝清晰,然后转动照准部,用望远镜上的瞄准器对准目标,再通过望远镜瞄准,使目标影像位于十字丝竖丝附近,旋转对光螺旋,进行物镜调焦,使目标影像清晰,消除视差,最后旋转水平和望远镜微动螺旋,使十字丝竖丝单丝与较细的目标精确重合,或双丝将较粗的目标夹在中央。

4. 读数

打开反光镜,调节反光镜的角度,使读数窗明亮,旋转读数显微镜的目镜,使读数窗内影像清晰。上方注有"H"的小窗为水平度盘影像,下方注有"V"的小窗为竖直度盘影像。采用分微尺读数法,首先读取分微尺所夹的度盘分划线的度数,再读取该度盘分划线在分微尺上所指的小于1°的分数(估读至0.1′),二者相加,即得到完整的读数。

**（三）测量水平角**

以经纬仪的盘左位置(使竖直度盘位于望远镜的左侧为盘左,倒转望远镜使竖直度盘位于望远镜的右侧为盘右)先照准左面的目标 $A$,令其读数为 $a$,再照准右面的目标 $B$,令其读数为 $b$,然后计算其间的水平角 $\beta = b - a$,将读数和计算值记入表 S12 相应的栏目中。

参见《测量技术基础》模块一项目二任务二。

## 五、注意事项

(1)用光学对中器同时进行仪器的对中和整平时,最后松开中心连接螺旋使仪器在脚架上面作少量平移,精确对中,其后一定要拧紧连接螺旋,以防仪器脱落。

(2)照准目标时,应尽量照准目标的底部。

(3)计算角值时,总是右目标读数 $b$ 减去左目标读数 $a$,若 $b < a$,则应加 360°。

# 实验六报告

实验名称:DJ₆ 型经纬仪认识和使用

日期＿＿＿天气＿＿＿专业＿＿＿年级＿＿＿班级＿＿＿小组＿＿＿观测＿＿＿＿记录＿＿＿＿

## 一、实验记录

水平角观测记录如表 S12 所示。

## 二、实验成果

此次实验仪器对中相对地面标志点偏离＿＿＿ mm,整平后照准部水准管气泡偏离中心＿＿＿格。共观测＿＿＿个水平角,角值分别为＿＿＿＿＿＿＿、＿＿＿＿＿＿＿。

表 S12　水平角观测记录

| 目标 | 水平度盘读数<br>( ° ′ ″ ) | 水平角值<br>( ° ′ ″ ) | 说明 |
|---|---|---|---|
| $A$ | | | |
| $B$ | | | |
| $A$ | | | |
| $B$ | | | |

## 三、实验答题

(1)用光学对中器同时使仪器对中、整平时,将地面点标志调入对中器小圆圈用

的方法,使水准管气泡居中用_____
_____的方法,其原理是_____
_____
_____。

(2)控制照准部水平方向转动用_____和_____;控制望远镜竖直方向转动用_____和_____;使十字丝清晰,应旋转_____,使目标影像清晰,应旋转_____;配置水平度盘读数,用_____
_____。

(3)只要目标是竖直的,即使照准目标不同的高度,其间的水平角值_____变化,这是因为_____,但在实际观测时还是应尽量照准目标的底部,这是因为_____
_____。

# 实验七　水平角测量(测回法)

## 一、技能目标

能用测回法测量水平角。

## 二、内容

每小组再次练习经纬仪的安置,然后按测回法测量一个水平角,两个测回。

## 三、安排

(1)时数:课内 2 学时,每小组 2~4 人。
(2)仪器:每组领 $DJ_6$ 型经纬仪 1 台、测伞 1 把、记录板 1 块。
(3)场地:设 $O$ 点为测站,远处选择两个背景清晰的竖直目标 $A$ 与 $B$(见图 S4)。

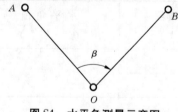

图 S4　水平角测量示意图

## 四、步骤

### (一)安置经纬仪
在测站点上安置经纬仪,对中、整平方法同实验六。

**(二)测回法测量水平角(两个测回)**

**1. 第 1 测回**

(1)盘左,瞄准左目标 $A$,将水平度盘读数配置在 $0°00'$ 附近(可稍大若干"),读取水平度盘读数为 $a_1$,顺时针转动照准部,瞄准右目标 $B$,读取水平度盘读数为 $b_1$,计算上半测回角值 $\beta_{左1} = b_1 - a_1$。

(2)盘右,瞄准右目标 $B$,读取水平度盘读数为 $b_2$,逆时针转动照准部,瞄准左目标 $A$,读取水平度盘读数为 $a_2$,计算下半测回角值 $\beta_{右1} = b_2 - a_2$。

(3)计算第 1 测回角度平均值 $\beta_1 = \dfrac{\beta_{左1} + \beta_{右1}}{2}$。

**2. 第 2 测回**

仍以盘左开始,瞄准左目标 $A$,将水平度盘读数配置在 $90°00'$ 附近(可稍大若干"),然后以与第 1 测回相同的步骤,测定 $\beta_{左2}$、$\beta_{右2}$,并计算第 2 测回角度平均值 $\beta_2 = \dfrac{\beta_{左2} + \beta_{右2}}{2}$。

计算两个测回角度的平均值 $\beta_{均} = \dfrac{\beta_1 + \beta_2}{2}$。

在上述观测的同时,将读数和计算值记入表 S13 相应的栏目中。

参见《测量技术基础》模块一项目二任务二。

**五、注意事项**

(1)如需观测 $n$ 个测回,在每个测回开始即盘左的起始方向,应旋转度盘变换手轮配置水平度盘读数,使其递增 $\dfrac{180°}{n}$。配置完毕,应将度盘变换手轮的盖罩关上,以免碰动度盘。同测回内由盘左变为盘右时,不得重新配置水平度盘读数。

(2)同测回内两个半测回角值较差应不超过 $\pm 40''$,各测回之间角值较差不超过 $\pm 24''$。

# 实验七报告

实验名称:水平角测量(测回法)

日期____天气____专业____年级____班级____小组____观测_____记录_____

**一、实验记录**

测回法观测手簿如表 S13 所示。

**二、实验成果**

此次实验共观测____个单角,每个单角观测____个测回。半测回角值较差容许值为_____,测回间角值较差容许值为_____。此次实验半测回角值最大较差为_____,测回间角值最大较差为_____,说明实验成果_____要求。

| 测站 | 目标 | 竖盘位置 | 水平度盘读数（ ° ′ ″ ） | 半测回角值（ ° ′ ″ ） | 一测回角值（ ° ′ ″ ） | 说明 |
|---|---|---|---|---|---|---|
| O (1) | A | 左 | | | | |
| | B | | | | | |
| | A | 右 | | | | |
| | B | | | | | |
| O (2) | A | 左 | | | | |
| | B | | | | | |
| | A | 右 | | | | |
| | B | | | | | |

三、实验答题

(1)同一方向盘左、盘右水平读数的大数应相差_____，否则说明_____
_____。计算二者平均值时应先将盘右
读数_____，再和盘左读数取中数。

(2)配置水平度盘读数的目的是_____，
它只能在_____时进行，测回内由盘左变为盘右，不
得重新配置水平度盘读数，这是因为_____
_____。

# 实验八　水平角测量（方向观测法）

## 一、技能目标

能用方向观测法测量 3 个以上方向的水平角。

## 二、内容

每小组再次练习经纬仪的安置，然后按方向观测法测量 4 个方向 A（为零方向）、B、C、D 之间的水平角，两个测回。

## 三、安排

(1)时数：课内 2 学时，每小组 2～4 人。
(2)仪器：每组领 DJ$_6$ 型经纬仪 1 台、测伞 1 把、记录板 1 块。
(3)场地：设 O 点为测站，远处选择四个背景清晰的竖直目标：A、B、C、D（见图 S5）。

## 四、步骤

在测站 O 点安置仪器，对中、整平。

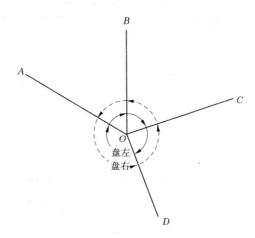

**图 S5　方向观测法测量水平角示意图**

(1)第 1 测回,上半测回(盘左),瞄准目标 $A$,将水平度盘读数配置在 $0°00'00''$ 附近(可稍大若干″),读取其水平度盘读数,顺时针转动照准部,依次瞄准目标 $B$、$C$、$D$,读取水平度盘相应读数,然后"归零",即再次瞄准目标 $A$,得上半测回 $A$ 目标的第 2 次读数。

(2)下半测回(盘右),仍自瞄准目标 $A$ 始,然后逆时针转动照准部,依次瞄准 $D$、$C$、$B$,再"归零"回到 $A$,读取各方向水平度盘相应读数。

(3)将所有方向观测值依次填入表 S15,分别对上、下半测回中零方向的两个读数进行比较,其差值称为半测回归零差,若两个半测回的归零差均符合限差要求,便可进行以下计算工作。

(4)计算并将计算结果填入表内:

①计算每个方向的两倍视准轴误差($2c$)(填入表 S15 内第 6 栏)

$$2c = 盘左读数 - (盘右读数 \pm 180°)$$

②计算各方向的平均读数(填入表 S15 内第 7 栏)

$$平均读数 = \frac{\left[ 盘左读数 + (盘右读数 \pm 180°) \right]}{2}$$

因一测回中零方向有两个平均读数,应将该二数值再取平均,作为零方向的平均方向值,填入该栏上方的括号内。

③计算归零后的方向值。将各方向的平均读数减去括号内的零方向平均值,即得各方向的归零方向值(以零方向 $0°00'00''$ 为起始的方向值)(填入表 S15 内第 8 栏)。

(5)第 2 测回,上半测回瞄准目标 $A$,将水平度盘读数配置在 $90°00'00''$ 附近,其他观测和计算步骤与第 1 测回相同。

(6)计算各测回归零后方向值之平均值。

同一方向在每个测回中均有归零后的方向值,如其互差小于限差(见表 S14),则取其平均值作为该方向的最后方向值(填入表 S15 内第 9 栏)。

(7)计算相邻目标间的水平角值。

将表 S15 中第 9 栏相邻两方向值相减,即得各相邻目标间的水平角值(填入表 S15 内第 10 栏)。

| 仪器级别 | 半测回归零差(″) | 一测回内 2c 互差(″) | 同一方向值各测回互差(″) |
|---|---|---|---|
| $J_2$ | 12 | 18 | 12 |
| $J_6$ | 18 | （无此项要求） | 24 |

参见《测量技术基础》模块一项目二任务二。

### 五、注意事项

（1）各测回上、下半测回均自 A 目标（即零方向）开始，照准部转动方向和瞄准次序按规定执行，转动望远镜应轻而稳，不得碰动仪器。

（2）各测回记录方向观测值，上半测回自上而下填，下半测回自下而上填。

（3）观测应同时进行记录和计算，并及时和限差加以比较，如发现超限，应立即查找原因，予以重测。

# 实验八报告

实验名称:水平角测量(方向观测法)

日期____天气____专业____年级____班级____小组____观测_____记录_____

## 一、实验记录

表 S15  水平角观测手簿(方向观测法)

日期____天气____仪器____观测____记录____检查____

| 测回数 | 测站 | 照准点 | 盘左读数 (° ′ ″) | 盘右读数 (° ′ ″) | 2c (″) | $\frac{L+R\pm180°}{2}$ (° ′ ″) | 一测回归零方向值 (° ′ ″) | 各测回归零方向平均值 (° ′ ″) | 角值 (° ′ ″) |
|---|---|---|---|---|---|---|---|---|---|
| 1 | 2 | 3 | 4 | 5 | 6 | 7 | 8 | 9 | 10 |
| 1 | O | A |  |  |  |  |  |  |  |
|  |  | B |  |  |  |  |  |  |  |
|  |  | C |  |  |  |  |  |  |  |
|  |  | D |  |  |  |  |  |  |  |
|  |  | A |  |  |  |  |  |  |  |
| 2 | O | A |  |  |  |  |  |  |  |
|  |  | B |  |  |  |  |  |  |  |
|  |  | C |  |  |  |  |  |  |  |
|  |  | D |  |  |  |  |  |  |  |
|  |  | A |  |  |  |  |  |  |  |

## 二、实验成果

此次实验共观测_____个方向,半测回归零差容许值为_____,测回内 $2c$ 互差容许值为_____,测回间角值较差容许值为_____。此次实验半测回归零差值最大值为_____,测回内 $2c$ 互差最大为_____,测回间角值最大较差为_____,说明实验成果_____要求。

## 三、实验答题

(1)测回内半测回归零差超限,原因可能是_____。

(2)不对 $2c$ 值本身的大小,而对 $2c$ 的互差加以限制,是因为_____。

(3)和测回法加以比较,方向观测法测量水平角增加的规定和限差包括_____,其目的在于_____。

# 实验九　竖直角测量和竖盘指标差测定

## 一、技能目标

能进行竖直角测量和竖盘指标差的测定。

## 二、内容

(1)了解 $DJ_6$ 型经纬仪与竖盘有关部件及螺旋的名称和作用。

(2)每小组在指定测站测量两个以上目标点的竖直角,各 1 个测回。

(3)同时计算不同目标点观测的竖盘指标差。

## 三、安排

(1)时数:课内 2 学时,每小组 2~4 人。

(2)仪器:每组领 $DJ_6$ 型经纬仪 1 台、校正针 1 根、测伞 1 把、记录板 1 块。

(3)场地:设测站点为 $O$,远处选择 2 个背景清晰,分别为高于测站的目标 $A$ 和低于测站的目标 $B$(见图 S6)。

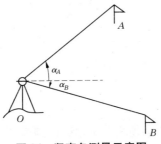

**图 S6　竖直角测量示意图**

## 四、步骤

### (一)认识和使用与竖盘有关的部件及螺旋

1. 安置

在场地上安置经纬仪,整平。

2. 认识

了解竖盘特点和竖盘指标水准管及其微动螺旋等的作用和使用方法。

3. 照准

松开照准部和望远镜制动螺旋,通过望远镜瞄准目标,旋转水平和望远镜微动螺旋,使十字丝中横丝与目标顶端(或需要测量竖直角的部位)精确相切。

4. 读数

旋转竖盘指标水准管微动螺旋,使指标水准管气泡居中,仍采用分微尺读数法,读取读数窗下方注有"V"的竖直度盘读数(估读至0.1′)。

### (二)竖直角测量

(1)盘左,瞄准目标 $A$,以中横丝与目标顶端相切,使指标水准管气泡居中,读取竖盘读数为 $L$,计算盘左竖直角值 $\alpha_L = 90° - L$。

(2)倒转望远镜成盘右,仍以中横丝与目标 $A$ 顶端相切,使指标水准管气泡居中,读取竖盘读数为 $R$,计算盘右竖角值 $\alpha_R = R - 270°$。

(3)计算一测回角度平均值为

$$\alpha = \frac{\alpha_L + \alpha_R}{2} \tag{1}$$

在上述观测的同时,将读数和计算值记入表 S11 相应的栏目中。

(4)按相同步骤测定目标 $B$ 的竖直角。

### (三)竖盘指标差测定

根据观测所得同一目标盘左、盘右竖直角值,或盘左和盘右的竖盘读数,代入式(2)或式(3)计算竖盘指标差

$$x = \frac{\alpha_R - \alpha_L}{2} \tag{2}$$

或

$$x = \frac{(L + R) - 360°}{2} \tag{3}$$

将计算结果记入表 S16 即为竖盘指标差的测定值。

参见《测量技术基础》模块一项目二任务三。

## 五、注意事项

(1)照准目标时,盘左、盘右必须均照准目标的顶端或同一部位。

(2)凡装有竖盘指标水准管的经纬仪,必须旋转指标水准管微动螺旋使气泡居中,方

能进行竖盘读数。

（3）算得的竖直角和指标差应带有符号,尤其是负值的"－"号不能省略。

（4）如测量两个以上目标（或同一目标多个测回）的竖直角,可以根据各自算得竖盘指标差之间的较差,检查观测成果的质量。DJ$_6$型光学经纬仪竖盘指标差之间的较差应不超过±30″。

# 实验九报告

实验名称:竖直角测量和竖盘指标差测定

日期＿＿＿天气＿＿＿专业＿＿＿年级＿＿＿班级＿＿＿小组＿＿＿观测＿＿＿＿＿＿记录＿＿＿＿＿＿

## 一、实验记录

竖直角观测手簿如表 S16 所示。

**表 S16　竖直角观测手簿**

| 测站 | 目标 | 竖盘位置 | 竖盘读数（ °　′　″） | 半测回竖直角（ °　′　″） | 一测回竖直角（ °　′　″） | $x = \dfrac{\alpha_R - \alpha_L}{2}$ |
|---|---|---|---|---|---|---|
| $O$ | $A$ | 左 | | | | |
| | | 右 | | | | |
| $O$ | $B$ | 左 | | | | |
| | | 右 | | | | |

## 二、实验成果

（1）此次实验共观测＿＿＿个目标的竖直角,每个竖直角观测＿＿＿个测回,测得的竖直角分别为＿＿＿＿＿＿＿＿和＿＿＿＿＿＿＿。

（2）竖盘指标差 $x$ 的较差容许值为＿＿＿＿＿,此次实验竖盘指标差 $x$ 的最大较差为＿＿＿＿＿,说明实验成果＿＿＿＿＿要求。

## 三、实验答题

（1）竖直角观测时,应先用＿＿＿＿＿＿＿＿＿＿和＿＿＿＿＿＿＿＿＿＿控制照准部和望远镜的转动,以便用＿＿＿＿＿＿＿＿＿与目标相切;然后用＿＿＿＿＿＿＿＿＿＿＿＿＿＿＿＿＿＿使竖盘指标水准管气泡居中,才能进行竖盘读数。

（2）竖直角观测时,只需对目标进行照准和读数,而水平方向是不需要读数的,这是因为＿＿＿＿＿＿＿＿＿＿＿＿＿＿＿＿＿＿＿＿＿＿＿＿＿＿＿＿。

(3)同一目标竖盘的盘左、盘右读数之和理论上应等于____，如果不等于该值，原因可能有两点：一是_____，二是_____。

(4)若测得的竖直角为正值，说明该角为_____；为负值，说明该角为_____。若算得的竖盘指标差为正值，说明竖盘指标线偏于_____；为负值，说明竖盘指标线偏于_____。

(5)若测量两个以上目标(或同一目标多个测回)的竖直角，可算得多个竖盘指标差。如指标差之间的较差很小，说明_____，如指标差之间的较差偏大，说明_____，这是因为_____。

# 实验十　光学经纬仪检验和校正

## 一、技能目标

能进行光学经纬仪的检验和校正。

## 二、内容

首先，了解 DJ$_6$ 型经纬仪主要轴线名称和所在的位置，并对仪器各组成部分和相关螺旋的有效性进行一般检查，然后进行经纬仪的五项检验和校正。

## 三、安排

(1)时数：课内 2 学时，每小组 2~4 人。

(2)仪器：每组领 DJ$_6$ 型经纬仪 1 台、校正针 1 根、测伞 1 把、记录板 1 块。

(3)场地：一较平整场地，可观测到远处不同高度的直立目标。

## 四、步骤

**(一)照准部水准管轴检验和校正**

(1)检验：先转动照准部，使照准部水准管平行于一对脚螺旋，旋转该对脚螺旋使水准管气泡居中，再将照准部旋转180°，看气泡是否仍居中。如仍居中，说明条件满足；若气泡偏离中心 1 格以上，说明条件不满足，需要校正。

(2)校正：用校正针拨动照准部水准管上下校正螺丝，令气泡返回偏离量的一半，使条件满足；再旋转脚螺旋令气泡居中，使仪器整平。重复该项检校，直至条件满足。

检验和校正情况绘图说明见表 S17。

**(二)视准轴检验和校正**

(1)检验：以盘左、盘右观测大致位于水平方向的同一目标 $P$，分别得读数 $M_1$、$M_2$，代入式(4)

$$c = \frac{M_1 - (M_2 \pm 180°)}{2} \tag{4}$$

如算得的 $c$ 值超过允许范围（一般为 $\pm 30''$），即说明存在视准轴误差。

(2)校正:此时望远镜仍处于盘右位置,校正按以下步骤进行:

先根据算得的 $c$ 值代入式(5),计算盘右的正确读数

$$M_{正} = M_2 + c \tag{5}$$

再旋转照准部微动螺旋使平盘读数变为 $M_{正}$,十字丝交点必然偏离目标 $P$;之后用校正针拨动十字丝环左、右校正螺丝,一松一紧推动十字丝环左右平移,直至十字丝交点对准原目标 $P$。

重复该项检校,直至条件满足。检验和校正后的数据记录于表 S18。

**(三)横轴检验和校正**

检验:以盘左、盘右观测较高处,即竖直角较大的同一目标 $P$,分别得读数 $M_1$、$M_2$,代入上述式(4),如算得的 $c$ 值超过允许范围(一般为 $\pm 30''$),即说明存在(或和视准轴误差同时存在)横轴误差。

校正:由于需调节支承横轴的偏心环,而偏心环在仪器内部,构造较复杂,因此遇此问题,应送工厂维修。

检验的数据记录于表 S19。

**(四)十字丝竖丝检验和校正**

(1)检验:用望远镜十字丝竖丝一端对准某点状标志,固紧制动螺旋,旋转望远镜微动螺旋,使望远镜上下微动,看该点状标志是否偏离竖丝。如不偏离,说明条件满足;否则说明条件不满足,需要校正。

(2)校正:卸下目镜护罩,松开十字丝分划板的固定螺丝,稍许转动十字丝环,使点状标志相对竖丝的偏离量减少一半。

重复该项检校,直至条件满足。最后,将固定螺丝旋紧,装上目镜护罩。检验和校正的情况绘图说明见表 S20。

**(五)竖盘指标水准管轴检验和校正**

检验:如实验九中竖盘指标差的测定,安置经纬仪,盘左、盘右照准同一目标得其竖盘读数 $L$、$R$,计算得竖直角 $\alpha_L$、$\alpha_R$,按实验九式(2)或式(3)计算指标差 $x$。若 $|x| > 1'$,应予以校正,其步骤为:

(1)依旧在盘右位置,照准原目标点,计算盘右的竖盘正确读数 $R_{正} = R - x$。

(2)转动竖盘指标水准管微动螺旋,使竖盘读数由 $R$ 改变为 $R_{正}$。此时,指标水准管气泡将不再居中。

(3)用校正针拨动指标水准管上、下校正螺丝使气泡居中,指标水准管轴和竖盘指标线即相互垂直。

重复该项检校,直至条件满足。检验和校正后的数据记录见表 S21。

参见《测量技术基础》模块一项目二任务四。

## 五、注意事项

(1)仪器如需校正,应在老师指导下进行。

(2)前四项检验校正依上述顺序进行,不应颠倒。

(3)用校正针拨动校正螺丝时,应先松后紧,稍许用力,以免损坏螺丝。

# 实验十报告

实验名称:光学经纬仪检验和校正

日期____天气____专业____年级____班级____小组____观测_____记录_____

## 一、实验记录

### (一)照准部水准管轴检验和校正

照准部水准管轴检验和校正绘图说明见表 S17。

### (二)视准轴检验和校正

视准轴检验和校正记录见表 S18。

**表 S17　照准部水准管轴检验和校正绘图说明**

| 项目 | 整平后水准管气泡位置 | 照准部转180°后气泡位置 |
|---|---|---|
| 检验时 | | |
| 校正后 | | |

**表 S18　视准轴检验和校正记录**

| 第1次(校正前) | | | | | 第2次(校正后) | | | | |
|---|---|---|---|---|---|---|---|---|---|
| 测站 | 平点目标 | 盘位 | 水平度盘读数<br>( °　′　″ ) | $c$<br>(″) | 测站 | 平点目标 | 盘位 | 水平度盘读数<br>( °　′　″ ) | $c$<br>(″) |
| | | 左 | | | | | 左 | | |
| | | 右 | | | | | 右 | | |
| | | 左 | | | | | 左 | | |
| | | 右 | | | | | 右 | | |

注:表内 $c = \dfrac{M_1 - (M_2 \pm 180°)}{2}$。

## （三）横轴检验和校正

横轴检验和校正记录见表 S19。

**表 S19　横轴检验和校正记录**

| 第 1 次（校正前） | | | | | 第 2 次（校正后） | | | | |
|---|---|---|---|---|---|---|---|---|---|
| 测站 | 高点目标 | 盘位 | 水平度盘读数（ ° ′ ″） | $c$（″） | 测站 | 高点目标 | 盘位 | 水平度盘读数（ ° ′ ″） | $c$（″） |
| | | 左 | | | | | 左 | | |
| | | 右 | | | | | 右 | | |
| | | 左 | | | | | 左 | | |
| | | 右 | | | | | 右 | | |

注：表内 $c = \dfrac{M_1 - (M_2 \pm 180°)}{2}$。

## （四）十字丝竖丝检验和校正

十字丝竖丝检验和校正绘图说明见表 S20。

**表 S20　十字丝竖丝检验和校正绘图说明**

| 项目 | 检验时 | 校正后 |
|---|---|---|
| 点状标志偏离竖丝的情况 | | |

## （五）竖盘指标水准管轴检验和校正

竖盘指标水准管轴检验和校正记录见表 S21。

**表 S21　竖盘指标水准管轴检验和校正记录**

| 第 1 次（校正前） | | | | | | 第 2 次（校正后） | | | | | |
|---|---|---|---|---|---|---|---|---|---|---|---|
| 测站 | 目标 | 盘位 | 竖盘读数（ ° ′ ″） | 竖角 $\alpha$（ ° ′ ″） | $x$（″） | 测站 | 目标 | 盘位 | 竖盘读数（ ° ′ ″） | 竖角 $\alpha$（ ° ′ ″） | $x$（″） |
| | | 左 | | | | | | 左 | | | |
| | | 右 | | | | | | 右 | | | |
| | | 左 | | | | | | 左 | | | |
| | | 右 | | | | | | 右 | | | |

注：表内 $x = \dfrac{\alpha_R - \alpha_L}{2}$ 或 $x = \dfrac{(L + R) - 360°}{2}$。

# 二、实验成果

（1）照准部水准管轴检校,检验时照准部转 180°,气泡_____,说明_____;

校正后照准部转 180°,气泡_____,说明_____。

(2)视准轴检校,照准平点得 $c =$ _____,说明_____;校正后
$c =$ _____,说明_____。

(3)横轴检校,照准高点得 $c =$ _____,说明_____。

(4)十字丝竖丝检校,检验时点状标志偏离竖丝_____,说明_____;校正
后点状标志偏离竖丝_____,说明_____。

(5)竖盘指标水准管轴检校,检验得竖盘指标差 $x =$ _____,说明_____
_____;校正后 $x =$ _____,说明_____。

三、实验答题

(1)照准部水准管轴检校,目的是使_____,如果该条件不满
足,其原因是_____。

(2)视准轴检校,目的是使_____,如果该条件不满足,其原因
是_____。

(3)横轴检校,目的是使_____,如果该条件不满足,其原因是
_____。

(4)十字丝竖丝的检校,目的是使_____,如果该条件不满足,
其原因是_____。

(5)竖盘指标水准管轴检校,目的是使_____,如果该条件不满
足,其原因是_____。

(6)在照准部水准管轴检校中,只要用校正针拨动照准部水准管校正螺丝,令气泡返
回偏离量的一半,就可使条件满足,其理由是_____;
如果校正后仍有剩余误差,可通过_____来
整平仪器。

(7)在视准轴检校中,应选择_____作为照准目标,是因为_____
_____,而在横轴检校中,应选择
_____作为照准目标,是因为_____
_____。

(8)仪器检验和校正后,仍存在剩余的视准轴误差和横轴误差,可通过_____
_____来消除它们对水平角观测的
影响。

(9)在竖盘指标水准管轴检校中,由检验得竖盘指标差 $x$,如是" + "号,说明_____
_____;如是" - "号,说明_____
_____。如果校正后仍有剩余的指标差,可通过_____
_____来消除它对竖角观测的影响。

# 实验十一　全站仪角度、距离和高差测量

## 一、技能目标

能使用全站仪进行角度、距离和高差测量。

## 二、内容

(1)了解全站仪各部件及键盘按键的名称和作用。
(2)掌握全站仪安置和使用方法。
(3)练习用全站仪进行角度测量、距离测量和高差测量的方法。

## 三、安排

(1)时数:课内2学时。
(2)仪器:全站仪1台(包括反射棱镜、棱镜架)、测伞1把、记录板1块。
(3)场地:设O为测站点,远处A为后视点,场地另一端选B点和C点为待测点(见图S7)。

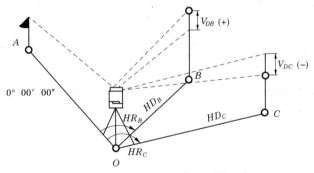

图S7　全站仪角度、距离、高差测量示意图

## 四、步骤

**(一)安置全站仪及棱镜架(或棱镜杆)**
在测站点O上安置全站仪,方法与安置经纬仪相同;在目标点B、C上安置棱镜。
**(二)认识全站仪**
了解仪器各部件(包括反射棱镜)及键盘按键的名称、作用和使用方法。
**(三)对中、整平**
与普通经纬仪相同。
**(四)仪器操作**
1.开机自检
打开电源,进入仪器自检(有的全站仪需要纵转望远镜一周,进行竖直度盘初始化,

即使竖直度盘指标自动归于零位)。

**2. 输入参数**

输入的参数包括棱镜常数、气象参数(温度、气压、湿度)等。

**3. 选定模式**

模式包括角度测量模式或距离测量模式。

**4. 角度测量**

按角度测量键[ANG],进入角度测量模式:

(1)照准后视目标 A,其方向值的配置有以下三种:①直接置零,在测角模式下按[置零]键,使水平度盘设置为0°00′00″;②锁定配置,转动照准部,再通过旋转水平微动螺旋使水平度盘读数等于所需要的方向值,然后按[锁定]键,再照准后视目标按[回车]键确认;③键盘输入,照准后视目标后按[置盘]键,依显示屏提示,通过键盘输入所需的方向值。

(2)转动照准部照准目标 B,显示该目标的水平方向值 HR 及其竖直角(或天顶距)V。

(3)转动照准部照准目标 C,显示该目标的水平方向值 HR 及其竖直角(或天顶距)V。

**5. 距离测量**

按距离测量键⊿,进入距离测量模式(按[模式]键可对测距模式:单次测量/连续测量/跟踪测量进行转换,一般选择单次测量):

(1)照准目标 B 棱镜中心,按[测量]键,测量至 B 点距离,重复按距离测量键⊿可以切换显示模式:

(HR,HD,VD)模式,显示水平方向、水平距离、仪器中心至目标棱镜中心高差;

(V,HR,SD)模式,显示竖盘读数、水平方向、倾斜距离。

(2)照准目标 C 棱镜中心,重复上述步骤测量至 C 点距离。

以上内容可先以盘左位置进行练习,再以盘右位置进行练习,测量数据记录于表 S22。

测量完毕关机。

## 五、注意事项

参见《测量技术基础》模块一项目三任务五和本书附录二:南方测绘 NTS – 312 型全站仪使用简要说明。

# 实验十一报告

**实验名称**:全站仪角度、距离和高差测量

日期____天气____专业____年级____班级____小组____观测_____记录_____

## 一、实验记录

全站仪测量记录见表 S22。

测站点：____O____　　$N_O =$ _____　　　$E_O =$ _____　　　$Z_O =$ _____

后视点：____A____　　后视方位角 $\alpha_{OA}$ _____　　　　仪器型号_____

| 测站 | 目标 | 盘位 | 角度<br>（ ° ′ ″ ） | | 距离/高差<br>（m） | |
|------|------|------|------|------|------|------|
| O | B | 左 | 水平角 | | 平距 | |
| | | | 竖直角 | | 斜距 | |
| | | | 天顶距 | | 高差 | |
| | | 右 | 水平角 | | 平距 | |
| | | | 竖直角 | | 斜距 | |
| | | | 天顶距 | | 高差 | |
| | C | 左 | 水平角 | | 平距 | |
| | | | 竖直角 | | 斜距 | |
| | | | 天顶距 | | 高差 | |
| | | 右 | 水平角 | | 平距 | |
| | | | 竖直角 | | 斜距 | |
| | | | 天顶距 | | 高差 | |

说明：

（1）竖直角和天顶距的测量模式可以在角度测量模式进入其第 3 页，按［竖角］键进行切换，二者的换算公式为

盘左：竖直角 = 90° − 天顶距　　　盘右：竖直角 = 天顶距 − 270°

（2）高差为仪器中心至目标棱镜中心高差（参见本书附录二：南方测绘 NTS − 312 型全站仪使用简要说明）。

二、实验成果

（1）目标_____盘左、盘右观测结果：

水平角较差_____，平均值为_____；高差较差_____，平均值为_____；

竖直角较差_____，平均值为_____；$N$ 较差_____，平均值为_____；

平距较差_____，平均值为_____；$E$ 较差_____，平均值为_____；

斜距较差_____，平均值为_____；$Z$ 较差_____，平均值为_____。

（2）目标_____盘左、盘右观测结果：

水平角较差_____，平均值为_____；高差较差_____，平均值为_____；

竖直角较差_____，平均值为_____；$N$ 较差_____，平均值为_____；

平距较差_____，平均值为_____；$E$ 较差_____，平均值为_____；

斜距较差_____,平均值为_____;Z 较差_____,平均值为_____。

三、实验答题

(1)全站仪主要由_____、_____、_____等部分组成,不仅能全部完成测站上所有的_____、_____和_____测量以及_____测量,还能进行_____、_____和_____等工作。

(2)本次实验使用的全站仪型号是_____,其测角精度为_____,测距精度为_____,表示测距时的固定误差为_____,比例误差为_____。

(3)该型号全站仪开机后应进行水平度盘和竖直度盘初始化,就是将照准部(横向)和望远镜(纵向)各_____,以便使_____和_____自动归于零位。

(4)该型号全站仪进行角度测量时,进入_____模式,照准零方向,按_____键"置零",然后照准目标点,即可显示_____和目标点的_____;如需配置零方向的方向值,则应在照准零方向后,按_____键,输入需配置的方向值,再按_____键即可,但此后照准目标点显示的是_____,水平角则为_____,同时还可显示_____。

(5)该型号全站仪进行距离测量时,进入_____模式,照准目标点棱镜中心,按_____键,同时显示_____、_____和_____;按_____键,可使距离的显示在_____、_____和_____之间进行转换;显示的高差是指_____。

# 实验十二　全站仪坐标测量

一、技能目标

能使用全站仪调用数据文件进行极坐标测量和后方交会坐标测量。

二、内容

(1)测站点三维坐标、仪器高、棱镜高和后视方位角设置。
(2)全站仪极坐标法测定新点。
(3)全站仪后方交会法测定新点。
(4)全站仪坐标文件建立和调用。

三、安排

(1)时数:课内 2 学时。

（2）仪器：全站仪 1 台（包括棱镜与棱镜架）、2 m 小钢尺 1 只、测伞 1 把、记录板 1 块。

（3）场地：设 $O$ 为测站点，远处 $A$ 为后视点，场地另一端选 $B$、$C$、$D$ 三点分别架设反射棱镜（见图 S8）。

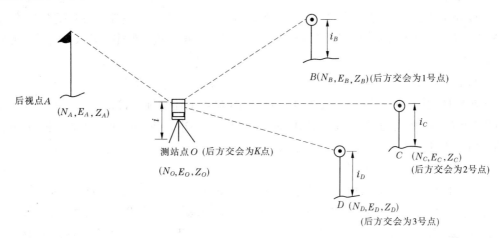

图 S8　全站仪坐标测量示意图

## 四、步骤

### （一）安置全站仪及棱镜架

在测站点 $O$ 上安置全站仪，量仪器高 $i$，在三个目标点 $B$、$C$、$D$ 上安置棱镜架，仪器的开机、对中、整平等基本操作同实验十一。

### （二）三维坐标测量

**1. 在坐标测量模式测定新点坐标**

（1）按 键进入坐标测量模式，进第 3 页，按［仪高］键，输入测站仪器高；按［镜高］键，输入 $B$ 点棱镜高，按［测站］键，输入测站点 $O$ 坐标 $(N_O, E_O, Z_O)$，按［后视］键，输入后视点 $A$ 坐标 $(N_A, E_A, Z_A)$，回车，照准后视点 $A$，照准？按［是］键（说明：在坐标测量开始时，也可以按［角度测量］键，进入角度测量模式，转动望远镜照准后视点 $A$，按［置盘］键，输入后视方位角，亦可完成后视方位角的设置），按［F4］键进坐标测量第 2 页，照准 $B$ 点棱镜中心，按［F1］键测量，显示 $B$ 点三维坐标 $(N_B, E_B, Z_B)$。

（2）输入 $C$ 点棱镜高（其他已输入的测站坐标、仪器高和后视方向值等无须重新输入），照准 $C$ 点棱镜中心，按［F1］键测量，显示 $C$ 点三维坐标。

（3）输入 $D$ 点棱镜高，照准 $D$ 点棱镜中心，按［F1］键测量，显示 $D$ 点三维坐标。但坐标测量时，若还需盘右观测，仍应先照准后视点，且将其水平度盘的方向值设置为后视方位角 $\alpha_{OA}$，否则该方向值将自行 ±180°，从而导致结果出错。

**2. 在放样模式测定新点坐标**

1）建立已知点坐标文件

按菜单键［M］；按［F3］键内存管理，进 2/3 页；按［F1］键输入坐标；输新文件名或调用老文件,回车;输入测站点 $O$ 的点名、编码(如无编码,可以跳过)和三维坐标,回车;继续输入后视点 $A$ 的点名和坐标;按[ESC]键结束。

2)在放样模式设置测站点

按放样键[S.O];选择文件;按[F2]键调用(显示上述坐标文件,予以选择,回车;按[F1]键输入测站点;输入测站点名 $O$;显示该点坐标,OK? 按[是]键;输入仪器高,回车;结束。

3)在放样模式设置后视点

按放样键[S.O];选择文件;按[F2]键调用(显示上述坐标文件,予以选择,回车);按[F2]键输入后视点;输入后视点名 $A$;显示该点坐标,OK? 按[是]键;显示后视方位角;照准后视点 $A$; >照准? 按[是]键;结束。

4)极坐标法测定新点

按放样键[S.O];按[P1↓]键进入 2/2 页;按[F2]键新点;选"F1:极坐标法";选择文件(输入文件名,或调用上述坐标文件,回车);输入新点点名 $B$、编码,回车;输入 $B$ 点棱镜高,回车;照准点 $B$;按[F1]键测量;记录? 按[是]键,$B$ 点坐标存入文件,依次继续新点 $C$、$D$ 的点名、编码输入和坐标测量;按[ESC]键结束(说明:各点如无编码,可跳过)。

5)后方交会法测定新点

按放样键[S.O];按[P1↓]键进入 2/2 页;按[F2]键新点;选"F2:后方交会法";选择文件(输入文件名,或调用上述坐标文件,回车);输入新点点名(仍为测站点,但改名为 $K$,以免覆盖原 $O$ 点坐标)、编码,回车;选"F1:距离后方交会";输入仪高,回车;输入 1 号已知点 $B$ 点名,回车,显示 $B$ 点坐标, >OK? 按[是]键;输入 $B$ 点镜高,回车;照准 $B$ 点;按[F1]键测量;输入 2 号已知点 $C$ 点名、镜高,再对 $C$ 点进行照准、测量,显示残差(已知点间的距离差和由两已知点算得的新点的 $Z$ 坐标差);按[F1]键下步;继续对 3 号已知点 $D$ 进行点名、镜高输入、照准、测量(最多可达 7 个已知点);按[F4]键计算,显示新点 $K$ 坐标;记录? 按[是]键,将 $K$ 点坐标存入文件;按[ESC]键结束。

打开坐标文件,调出测站点原点名 $O$ 的坐标和新点名 $K$ 的坐标加以比较,记录其较差。

五、注意事项

参见《测量技术基础》模块一项目四任务四和本书附录二:南方测绘 NTS – 312 型全站仪使用简要说明。

# 实验十二报告

**实验名称:**全站仪坐标测量
日期____天气____专业____年级____班级____小组____观测_____记录_____

一、极坐标法测定新点

全站仪测量记录见表 S23。

测站点 ____O____ 　　$N_O =$ _____、$E_O =$ _____、$Z_O =$ _____　　仪器高 $i$ _____

后视点 ____A____ 　　$N_A =$ _____、$E_A =$ _____、$Z_A =$ _____　　仪器型号_____

| 测站 | 后视 | 目标<br>棱镜高(m) | 盘位 | 坐标<br>（m） | | 盘位 | 坐标<br>（m） | |
|---|---|---|---|---|---|---|---|---|
| O | A | $\dfrac{B}{l_B =}$ | 左 | $N$<br>$E$<br>$Z$ | | 右 | $N$<br>$E$<br>$Z$ | |
| | | $\dfrac{C}{l_C =}$ | 左 | $N$<br>$E$<br>$Z$ | | 右 | $N$<br>$E$<br>$Z$ | |
| | | $\dfrac{D}{l_D =}$ | 左 | $N$<br>$E$<br>$Z$ | | 右 | $N$<br>$E$<br>$Z$ | |

## 二、后方交会法测定新点

后方交会坐标测量成果检核见表 S24。

**表 S24　后方交会坐标测量成果检核**

| 点名 | 盘位 | $N$ | $E$ | $Z$ |
|---|---|---|---|---|
| $K$(新点) | 左 | | | |
| | 右 | | | |
| | 平均 | | | |
| $O$(原测站点) | | | | |
| 较差(mm) | | | | |

测站点_____$K$(即原测站点 $A$)，仪器高 $i$ _____。

后视点 1($B$ 点)，镜高 $l_B$ _____；后视点 2($C$ 点)，镜高 $l_C$ _____；后视点 3($D$ 点)，镜高 $l_D$ _____。

## 三、实验答题

该型号全站仪进行坐标测量时,先照准后视点,进入_____模式,按_____键,输入_____,再进入_____模式,输入测站点坐标、仪器高和目标点棱镜高,转动照准部照准目标点的棱镜,按_____键,即可显示目标点的三维坐标_____、_____、_____。如还需测定其他目标点的三维坐标,则需事先改变相应目标点的_____设置;当从盘左变为盘右进行坐标测量时,仍需先照准后视点,将起始方向值设置为＿＿＿＿＿＿＿＿。

# 实验十三　应用 Visual Basic 程序进行单一导线的近似计算

## 一、技能目标

能用 Visual Basic 程序进行单一导线的近似计算。

## 二、内容

(1)熟悉 Visual Basic 语言,掌握单一导线近似计算电算程序的使用方法。

(2)应用 Visual Basic 单一导线电算程序,分别进行 1 条附合导线和 1 条闭合导线的近似计算。

## 三、安排

1.时数:课内 2 学时。

2.地点:电脑实验室。每人一台装有 VB6.0 精简版的电脑。

## 四、步骤

开机,运行 VB6.0 精简版,进入 Visual Basic 主界面,调用单一导线电算程序。

(1)以《测量技术基础》第 136 页表 2-1-5 附合导线(双定向)计算表中的数据为例,进行一条附合导线的近似计算。

(2)以《测量技术基础》第 139 页表 2-1-7 闭合导线计算表中的数据为例,进行一条闭合导线的近似计算。

具体方法和步骤参见《测量技术基础》模块二项目一任务三电算在导线测量近似计算中的应用和本教材附录四:单一导线近似计算的 Visual Basic 程序。

# 实验十三报告

实验名称:应用 Visual Basic 程序进行单一导线的近似计算

日期＿＿＿天气＿＿＿专业＿＿＿年级＿＿＿班级＿＿＿小组＿＿＿观测＿＿＿＿＿＿记录＿＿＿＿＿＿

## 一、实验成果

设法将两条导线的数据输入窗口和计算结果(Excel 工作表)分别打印出来,贴于此页后,以便对计算成果进行检查。

## 二、实验答题

(1)Visual Basic 语言是一种基于 BASIC 的＿＿＿＿＿＿＿＿＿程序设计语言,采用

_____的程序设计思想和_____的编程机制,不仅具有_____、_____、_____的优点,而且_____,尤其适合于_____的开发。

(2)Visual Basic 电算程序一般由_____和_____两大部分组成。单一导线近似计算程序的用户界面窗口主要包括_____和_____两方面内容。

(3)Visual Basic 单一导线电算程序通过 VB 和_____的链接,最后以_____的形式将计算结果输出,将附合导线和闭合导线两种形式合而为一,其优点在于_____。

# 实验十四 GPS RTK 接收机认识与使用

## 一、技能目标

能使用 GPS RTK 接收机进行定位测量的外业操作。

## 二、内容

(1)了解 GPS RTK 接收机各部件及有关按键的名称和作用。
(2)掌握 GPS RTK 接收机天线高的量测方法。
(3)掌握使用 GPS RTK 接收机进行定位测量的方法。

## 三、安排

(1)时数:课内 2 学时,每小组 2~4 人。
(2)仪器:天宝(Trimble)或南方测绘灵锐相应型号的 RTK 接收机 3 台及相关附件。
(3)场地:设置 3 个点,将 1 号点作为已知点(基准站点),2、3 号点作为控制点(流动站点),另选 3~5 个地物特征点作为地形点。

## 四、步骤

**(一)认识 GPS RTK 接收机**
了解仪器及手持控制器的各部件、按键的名称、作用和使用方法。

**(二)架设基准站**
在 1 号点上安置接收机,量取天线高,同时架设电台及其天线,并与接收机连接,建立新工程,设置坐标系、测区中央子午线经度等相关参数。

**(三)启动基准站**
手持 1 号点接收机的控制器点击"测量"图标,进入测量方式,测量工作方式,选 RTK"实时动态",在测量菜单选"启动基准站",输入基准站点名、天线高,及基准点的已知坐标(或假设坐标)等。

（四）设置流动站

在 2、3 号点上同时安置接收机,输入天线高等参数。

（五）启动流动站

将 2、3 号点上接收机的手持控制器插头插入接收机的插口,在测量菜单中选"开始测量",待屏幕显示 RTK＝FIXED 时,初始化完毕,即启动流动站。

（六）开始"控制点"测量

在"测量"菜单选"测量点—控制点",输入 2、3 号点的点名及其他参数,即可将其视为"控制点"进行测量,3 min 后即可完成测量并将数据存储。

（七）进行其他"地形点"测量

在实验场地选择数个地形特征点,手持流动站的 RTK 接收机对中杆,依次立于地形特征点上,在"测量"菜单选"测量点—地形点",输入该点的点名等信息,即可将其视为一般"地形点"进行测量,3～5 s 后即可完成测量并将数据存储。

（八）查阅测量成果

返回主菜单,进入"文件"—"查看当前任务",对所有测得的控制点和地形点坐标进行查阅。

## 五、注意事项

（1）实验场地应选在地势开阔或广场处。

（2）接收机的参数设置应予以检查,准确无误后方能开始测量。

（3）具体操作步骤和要求如下:

如接收机属天宝系列,参阅《测量技术基础》模块二项目一任务五中二之（五）,GPS RTK 定位操作流程。

# 实验十四报告

实验名称:GPS RTK 接收机认识与使用

日期＿＿＿天气＿＿＿专业＿＿＿年级＿＿＿班级＿＿＿小组＿＿＿观测＿＿＿＿＿＿记录＿＿＿＿＿＿

坐标系＿＿＿＿＿＿＿＿＿,测区所在中央子午线＿＿＿＿＿＿＿＿＿,接收机型号＿＿＿＿＿＿＿＿＿

基准点点名＿＿＿＿＿＿＿,$x ＝$＿＿＿＿＿＿＿,$y ＝$＿＿＿＿＿＿＿,$H ＝$＿＿＿＿＿＿＿,天线高＝＿＿＿＿＿＿＿

## 一、实验记录

实验记录表格见表 S25。

## 二、实验答题

（1）GPS RTK 测量采用的是载波相位差分定位的方法,其基本原理是＿＿＿＿＿＿＿＿＿＿＿

＿＿＿＿＿＿＿＿＿＿＿＿＿＿＿＿＿＿＿＿＿＿＿＿＿＿＿＿＿＿＿＿＿＿＿＿＿＿＿＿＿＿＿＿＿＿

＿＿＿＿＿＿＿＿＿＿＿＿＿＿＿＿＿＿＿＿＿＿＿＿＿＿＿＿＿＿＿＿＿＿＿＿＿＿＿＿＿＿＿＿。

| 点名 | 天线高(m) | $x$(m) | $y$(m) | $H$(m) | 说明 |
|---|---|---|---|---|---|
|  |  |  |  |  |  |
|  |  |  |  |  |  |
|  |  |  |  |  |  |
|  |  |  |  |  |  |
|  |  |  |  |  |  |
|  |  |  |  |  |  |
|  |  |  |  |  |  |
|  |  |  |  |  |  |

(2)GPS 定位测量采用的是 WGS - 84 坐标系,本次测量经坐标系设置,观测点的坐标均已转换为＿＿＿＿＿＿＿＿＿＿＿＿坐标系的坐标。

(3)开始测量前,设置测区所在中央子午线的经度,其目的是＿＿＿＿＿＿＿＿＿＿＿,量测天线高的作用是＿＿＿＿＿＿＿＿＿＿＿＿＿＿＿＿＿＿＿＿＿＿＿＿＿。

(4)RTK 定位测量的流动站点分为控制点和地形点,其区别在于＿＿＿＿＿＿＿＿＿＿
＿＿＿＿＿＿＿＿＿＿＿＿＿＿＿＿＿＿＿＿＿＿＿＿＿＿＿＿＿＿＿＿＿＿＿＿＿＿。

# 实验十五　使用 CASS 软件绘制数字地形图

## 一、技能目标

能用 CASS 软件在电脑上绘制数字地形图。

## 二、内容

(1)熟悉 CASS 软件的界面和菜单。

(2)调用软件自带的示例用坐标数据文件"C:\CASS2008\DEMO\STUDY. DAT",绘制数字地形图"DEMO\STUDY(X). dwg"。

(3)调用软件自带的示例用坐标数据文件"C:\CASS2008\DEMO\YMSJ. DAT",绘制数字平面图"DEMO\YMSJ(X). dwg"。

(4)调用软件自带的示例用坐标数据文件"C:\CASS2008\DEMO\DGX. DAT",绘制数字等高线图"DEMO\DGX(X). dwg"。

## 三、安排

(1)时数:课内 2 学时。

(2)地点:电脑实验室。每人一台装有网络版 CASS 软件的电脑。

## 四、步骤

开机,运行 CASS2008 软件,进入 CASS2008 主界面。

**(一)绘制数字地形图"DEMO\STUDY(X).dwg"**

具体方法和步骤见《测量技术基础》模块二项目二任务三大比例尺地形图数字测绘中内业成图部分。所绘图件以"DEMO\STUDY(X).dwg"定名存盘,括号中的 X 为任意字母或数字,以示与原图件名有所区别。

**(二)绘制数字平面图"DEMO\YMSJ(X).dwg"**

**1.定显示区**

移动鼠标点击"绘图处理"子菜单,在其下拉菜单中选择"定显示区",按左键在其对话框中选择示例数据文件"C:\CASS2008\DEMO\YMSJ.DAT"并打开。

**2.选择测点点号定位成图法**

移动鼠标至屏幕右侧,点击菜单区的"坐标定位\点号定位"项,在其对话框中输入点号坐标数据文件名"YMSJ.DAT"并打开。

**3.展点**

移动鼠标至屏幕的顶部菜单,点击"绘图处理",在其下拉菜单中点击"展野外测点点号",再次输入坐标数据文件"YMSJ.DAT"并打开,然后输入绘图比例尺1:500,回车,在屏幕上展出野外测点的点号。

**4.绘平面图**

绘外业工作草图见图 S9。

参照图 S9 所示的外业工作草图,由 34、33、35 号点连成一间普通房屋。鼠标点击右侧菜单"居民地\一般房屋",在弹出的对话框中点击"四点房屋"图标,根据屏幕下方命令区的提示,输入绘图比例尺(如1:1 000),以及根据草图选择画房屋的类型(如1.已知三点/2.已知两点及宽度/3.已知四点<1>:输入1(默认为1),回车),再依顺时针方向输入草图上该房屋的定位点号 34、33、35,即绘出该普通房屋的连线。重复上述操作,将 27、28、29 号点绘成四点房屋,50、51、52、53、54、55、56、57 号点绘成多点一般房屋;点击"居民地\普通房屋",将 37、38、41 号点绘成四点棚房,60、58、59 号点绘成四点破坏房,12、14、15 号点绘成四点建筑中房屋;同样在"居民地\垣栅"层找到"依比例围墙"的图标,需确认是否需要拟合,其作用是对边线进行光滑处理,此处选不拟合,输 N,再输边宽 0.5 m,将 9、10、11 号点绘成依比例围墙的符号;仍在"居民地\垣栅"层找到"篱笆"的图标,将 47、48、23、43 号点绘成篱笆的符号。

再将草图中的 19、20、21 号点连成一段陡坎。其操作方法:先移动鼠标并点击右侧屏幕菜单"地貌土质\人工地貌",再移动鼠标并点击弹出对话框中未加固陡坎符号的图标,根据下方命令区的提示,依次输入坎高(默认值为1.0 m)及坎上的点号 19、20、21,再确认是否需要拟合,此处选不拟合,输 N,便可在该三点之间绘出陡坎符号(注意:陡坎上的坎毛生成在绘图方向的左侧)。

重复上述操作将其他测点用各种相应的地形图图式符号绘制出来,并将所绘图件以"DEMO\YMSJ(X).dwg"定名存盘,括号中的 X 为任意字母或数字。

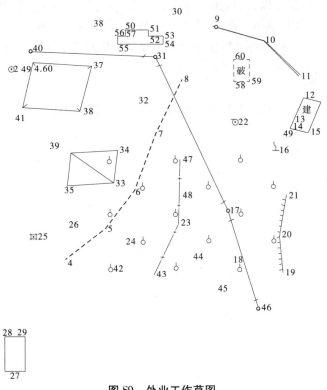

图 S9　外业工作草图

### (三)绘制数字等高线图"DEMO/DGX(X).dwg"

**1. 建立数字地面模型**

先"定显示区",其操作与上述"点号定位"的"定显示区"操作相同。

键盘输入碎部点坐标数据文件名(示例高程点文件 C:\CASS2008\DEMO\DGX..DAT)并打开,然后在"绘图处理"下拉菜单中点击"展高程点"选项。再在下方命令区提示"注记高程点距离"(即根据规范要求输入高程点注记距离)时,回车默认为注记全部高程点的高程,即将所有高程点和控制点的高程均展绘到图上。

移动鼠标至屏幕顶部菜单点击"等高线"项,然后点击其下拉菜单的"建立 DTM"项,再在对话框中首先选择建立 DTM 的方式为由数据文件生成,输入上述高程点数据文件名,选择要显示建三角网结果,确定后即生成三角网。

**2. 绘制等高线**

先输入绘图比例尺(如1:500),点击"等高线\绘制等高线"菜单,在弹出的对话框中输入绘图等高距(如1 m),等高线的拟合方式选"三次 B 样条拟合",确定后便绘出等高线图,再点击"等高线\删除三角网"将三角网删除,所绘图件以"DEMO\DGX(X).dwg"定名存盘,括号中的 X 为任意字母或数字。参见《测量技术基础》第208页图2-3-17(a)。

**3. 绘制三维地面模型**

在建立 DTM 的基础上,可以生成三维地面模型,用于观测其立体效果。点击"等高线\绘制三维模型"菜单,在命令区依提示输入高程系数<1.0>,如输入5,再输入格网间隔(如8.0),并选择需要拟合,确定后即可显示三维地面模型,参见《测量技术基础》第189页图2-2-27。利用"显示"菜单下的"三维静态显示"和"三维动态显示"可以对模型视点、视角、坐标轴等进行转换,以便显示更生动的三维动态效果。

五、实验答题

(1)简述应用 CASS 软件绘制数字地形图的方法、步骤和特点。

(2)应用 CASS 软件如何绘制平面图?

(3)应用 CASS 软件如何绘制等高线?

(4)应用 CASS 软件如何加注记和图框?

## 六、注意事项

(1)在操作过程中应不断存盘,以防操作不慎导致数据丢失。

(2)执行各项命令时应注意看下面命令区的提示,当出现"Command:"时,要求输入新的命令;当出现"Select objects"时,要求选择对象等。

(3)当一个命令未执行完时,最好不要执行另一个命令,若要强行终止,可按键盘左上角的"Esc"键,或按"Ctrl"的同时按"C"键,直到出现"Command:"提示。

(4)有些命令有多种执行途径,可灵活选用快捷工具按钮、下拉菜单或在命令区输入命令。

(5)CASS 软件也在不断升级,不同版本的 CASS 软件的主要功能和使用方法基本相同,但具体的指令、命令、界面或对话框等有所不同,使用时需加以注意。

# 实验十六  数字地形图测绘

## 一、技能目标

能用全站仪 + CASS 软件测绘数字地形图。

## 二、内容

每小组在实地 60 m × 40 m 范围内完成一小幅比例尺为 1:500 的数字地形图测绘(视课时充裕与否,不一定满幅)。

## 三、安排

(1)时数:课内 4 学时,其中外业数据采集和内业电脑绘图各 2 学时,每组 4~5 人。

(2)仪器:全站仪 1 台(包括反射棱镜、棱镜杆)、2 m 小钢尺 1 只、测伞 1 把、记录板 1块。

(3)场地:在道路一边设测量控制点 A、B,假设其三维坐标如表 S26 所示。

内业:在电脑实验室,每人一台装有网络版 CASS 软件的电脑。

表 S26　测量控制点三维坐标

| 点号 | $X(\mathrm{m})$ | $Y(\mathrm{m})$ | $H(\mathrm{m})$ | 方位角 $\alpha$ | 距离 $D(\mathrm{m})$ |
|---|---|---|---|---|---|
| A | 1 000.00 | 800.00 | 30.00 | 11°18′40″ | 51.00 |
| B | 1 050.00 | 810.00 | 30.00 | | |

## 四、步骤

### (一)外业数据采集

(1)以 A 为测站点,B 为后视点,在 A 点架设仪器,对点、整平、开机,对测距模式、测量次数、存储形式等参数进行设置、量取仪器高 $i$，将 $A$、$B$ 点的三维坐标以坐标文件的形式存入全站仪。

（2）进入数据采集菜单，调用上述坐标文件设置测站点、后视点，输入测站点点名、仪器高及后视点点名、棱镜高，照准后视点，予以确认。

（3）在测站四周的建筑物、道路、苗圃等，以及坡地或小山丘上选择地物、地貌特征点（即碎部点），按数据采集测定待测点的方法依次对各碎部点进行测量，将各点的观测数据和测定的三维坐标分别存入观测数据文件和坐标数据文件。与此同时，绘制作业草图（见图 S10）。草图上各碎部点的编号应与测量时输入仪器的各点编号相一致。

### （二）内业成图

#### 1. 数据传输与转换

（1）将全站仪通过通信电缆与电脑相连接。运行 CASS 软件，移动鼠标至菜单"数据通讯"项的"读取全站仪数据"项，根据不同型号的仪器设置通信参数（包括通信口、波特率、奇偶性、数据位、停止位等，全站仪和软件设置的通信参数应当一致）。

（2）选择全站仪待传的数据文件名与输入并转换后保存的 CASS 坐标文件的路径和文件名，点"转换"，即将输入的全站仪数据文件格式（＊.RAW 或 ＊.PTS 文件）转换为 CASS 坐标文件格式（＊.DAT 或 ＊.TXT 文件）。

#### 2. 电脑绘图

调入碎部点坐标数据文件，在电脑上完成所测地形图的绘制，其步骤如下：

（1）定显示区。移动鼠标点击"绘图处理"子菜单，在其下拉菜单中选择"定显示区"，按左键在其对话框中输入测定的点坐标数据文件名并打开，在命令区显示坐标文件中的最小坐标值和最大坐标值。

（2）选择测点点号定位成图法。移动鼠标至屏幕右侧点击菜单区的"测点点号"项，在其对话框中输入上述坐标数据文件名并打开。

（3）展点。移动鼠标至屏幕的顶部菜单点击"绘图处理"，在其下拉菜单中点击"展野外测点点号"，再次输入上述坐标数据文件名并打开，在屏幕上展出野外测点的点号。

（4）绘平面图。参照实验十五"使用 CASS 软件绘制数字地形图"的方法，依据作业草图，点击有关地物符号绘制指令，依次绘出所测的道路、房屋、苗圃等地物。

（5）绘等高线。参照实验十五"使用 CASS 软件绘制数字地形图"的方法，对所测地貌绘制相应的等高线。

（6）加注记和图框，完成地形图绘制。

参见《测量技术基础》模块二项目二任务三。

## 五、实验答题

（1）数字测图外业工作包括哪些内容？

（2）应用全站仪进行野外测量数据采集的具体步骤如何？

（3）如何进行全站仪向计算机的数据传输？全站仪数据文件和 CASS 数据文件的格式有何不同？

（4）简述应用 CASS 软件绘制数字地形图的具体方法和步骤。

## 六、注意事项

注意事项与实验十五注意事项相同。

# 实验十六报告

实验名称：数字地形图测绘
日期＿＿天气＿＿专业＿＿年级＿＿班级＿＿小组＿＿观测＿＿＿记录＿＿＿

## 一、现场绘制工作草图

现场绘制工作草图于图 S10 中。

图 S10　工作草图

## 二、内业计算机成图

如果有条件,将在电脑上绘制的数字地形图打印出来,粘贴于后。

# 实验十七　在工程施工中应用数字地形图

## 一、技能目标

能在工程施工中应用数字地形图。

## 二、内容

(1)调用实验十五绘制的地形图件"C:\CASS2008\DEMO\STUDY(X).dwg",在其上练习地形图基本要素查询和在工程施工中的应用。

(2)调用实验十五绘制的平面图件"C:\CASS2008\DEMO\YMSJ(X).dwg",在其上练习地形图基本要素查询。

(3)调用实验十五绘制的等高线图件"C:\CASS2008\DEMO\DGX(X).dwg",在其上练习在工程施工中的应用。

## 三、安排

(1)时数:课内 2 学时。

(2)地点:电脑实验室。每人一台装有网络版 CASS 软件的电脑。

## 四、步骤

开机,运行 CASS 软件,进入 CASS 主界面。

**(一)地形图基本要素查询和在工程施工中的应用**

调用实验十五绘制的地形图件"C:\CASS2008\DEMO\STUDY(X).dwg"并打开,按《测量技术基础》模块二项目三任务四介绍的方法和步骤,在图上进行基本要素查询和在工程中应用项目的练习(道路设计高程取 495 m,路宽取 20 m)。

**(二)数字地形图基本要素查询再练习**

调用实验十五绘制的平面图件"C:\CASS2008\DEMO\YMSJ(X).dwg"并打开,在其上再次进行数字地形图查询练习,查询内容包括:

(1)查询点的坐标;

(2)查询两点之间的距离和方位角;

(3)查询线长;

(4)查询实体面积;

(5)计算地表面积。

**(三)数字地形图在工程上的应用再练习**

调用实验十五绘制的等高线图件"C:\CASS2008\DEMO\DGX(X).dwg"并打开,在

其上再次进行在工程上的应用练习,应用内容包括:

(1)绘制纵断面图;

(2)方格网法计算平整场地土方量;

(3)DTM 法计算平整场地土方量;

(4)区域平衡法计算土方量;

(5)断面法计算道路施工土方量(道路设计高程取 35 m,路宽取 20 m,其他参数设置与上述在地形图件"C:\CASS2008\DEMO\STUDY(X).dwg"上的练习相同);

(6)等高线法计算土方量。

具体操作方法和步骤参见《测量技术基础》模块二项目三任务四。

五、实验答题

(1)如何应用数字地形图进行基本要素查询?

(2)如何应用数字地形图绘制纵断面图?

(3)如何在数字地形图上按方格网法计算场地平整土方量?

(4)如何在数字地形图上按 DTM 法计算场地平整土方量?

(5)如何在数字地形图上按区域平衡法计算场地平整土方量?

(6)如何在数字地形图上按断面法计算道路施工土方量？

(7)如何在数字地形图上按等高线法计算土方量？

## 六、注意事项

与实验十五注意事项相同。

# 实验十八　经纬仪测设点的平面位置和高程

## 一、技能目标

能使用经纬仪、钢尺和普通水准仪进行点的平面位置和高程测设。

## 二、内容

矩形建筑物四周角点测设，见图 S11。

每个小组依据两个假定的控制点 $A$、$B$，采用极坐标法，用经纬仪完成一矩形建筑物四周角点 $P_1 \sim P_4$ 的测设（见图 S11），$A$、$B$ 点的已知坐标和 $P_1 \sim P_2$ 点的设计坐标见表 S27。先进行内业——测设数据计算，再进行外业——现场点位测设并对测设结果进行检核。

## 三、安排

(1)时数：课内 2 学时（内业计算 0.5 学时，现场测设 1.5 学时），每小组 4～5 人。

(2)仪器：DJ$_6$ 型经纬仪 1 台、DS$_3$ 型水准仪 1 台、钢尺 1 把、水准尺 1 根、花杆和测钎各 1 根、锤子 1 把、木桩和小铁钉各 6 个、测伞 1 把、记录板 1 块。

(3)场地：长约 40 m，宽约 30 m。

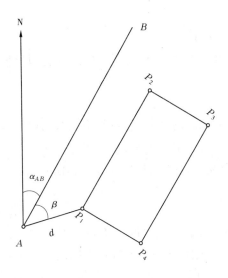

**图 S11　矩形建筑物四周角点测设**

## 四、步骤

### (一)内业计算

计算以 $A$ 为测站,以 $B$ 为零方向,按极坐标法测设 $P_1 \sim P_4$ 点的水平角 $\beta_{ij}$ 和水平距离 $D_{ij}$,列于实验十八报告表 S28。

### (二)现场测设

在场地上先用钢尺测设一条建筑基线(长 25 m),令其两端分别为 $A$、$B$ 点;

以 $A$ 为测站、$B$ 为起始方向,依据计算所得的测设数据,用经纬仪和钢尺,按极坐标法,逐一将四个角点测设于实地。

1. 平面位置测设

(1)在 $A$ 点安置经纬仪,照准零方向 $B$ 点,配置水平度盘为 $0°00'00''$。

(2)转动照准部使水平度盘读数为 $\beta_{Ap_1}$,自 $A$ 点沿视线方向用钢尺丈量 $D_{Ap_1}$,定 $P_1$ 点。

(3)用同样方法定出 $P_2 \sim P_4$ 点。

2. 高程测设

(1)在 $A$ 点和 $B$ 点之间的适宜位置安置水准仪(也可将测站设于它处,只是考虑尽量使水准测量时的前视和后视距离大致相等),在 $BM_K$ 点上立尺,读取后视读数 $a$,根据 $BM_K$ 点的已知高程 $H_{BMK}$,计算视线高程 $H_1$。

(2)根据 $P_1 \sim P_4$ 点的设计高程,计算 $P_1 \sim P_4$ 点上标尺的应有读数 $b_1 \sim b_4$,计算数据填入表 S29。

(3)依次在测设的 $P_1 \sim P_4$ 点处立尺,使尺上读数等于 $b_i$,然后将尺的底边位置用红漆线在各交点木桩上标注出来,即为该四点的设计高程。

3. 点位检测

(1)用钢尺对所测设相邻点位之间的水平距离进行实测检核,与表 S27 中的相应水平距离比较，其相对误差应$\le \dfrac{1}{4\ 000}$。

（2）用经纬仪对所测设矩形建筑物的四个内角进行实测检核，与90°相比较，其误差应不超过 ±40″。

**4. 高程检测**

重新测定 $P_1 \sim P_4$ 木桩上标注的红漆线高程，检测其与已知设计高程之差，连同测设的四个角点之间的距离较差一道，记入表 S30。

参见《测量技术基础》任务模块二项目四任务二和任务三。

## 五、注意事项

（1）在运用坐标反算公式计算两点之间的方位角时，应注意根据分子 $\Delta y$ 和分母 $\Delta x$ 的符号，判别待定方向所在的象限，从而由象限角正确地换算出方位角。

（2）运用极坐标法测设点的平面位置时，测设的水平角均为左角。

（3）在用计算器进行角度或三角函数计算时，应注意角度单位的选择和角度60进制与10进制的转换，参见《测量技术基础》附录一。

（4）测设数据计算的正确性对点位和高程的测设至关重要，应反复计算检核，方能用于现场测设。

# 实验十八报告

实验名称：经纬仪测设点的平面位置和高程

日期____天气____专业____年级____班级____小组____观测_____记录_____

## 一、实验记录

### （一）极坐标测设数据计算

假设两个建筑基线点的已知坐标和四个角点坐标（为同一坐标系）列于表 S27。

表 S27　矩形建筑物角点测设已知数据和角点坐标表

| 点号 | $X(\mathrm{m})$ | $Y(\mathrm{m})$ | 边号 | 平距（m） |
|---|---|---|---|---|
| $A$ | 1 200.000 | 1 800.000 | | |
| $B$ | 1 221.651 | 1 812.500 | $A \sim B$ | 25.000 |
| $P_1$ | 1 202.928 | 1 810.928 | $P_1 \sim P_2$ | 18.000 |
| $P_2$ | 1 218.516 | 1 819.928 | $P_2 \sim P_3$ | 12.000 |
| $P_3$ | 1 212.516 | 1 830.320 | $P_3 \sim P_4$ | 18.000 |
| $P_4$ | 1 196.928 | 1 821.320 | $P_4 \sim P_1$ | 12.000 |

以 $A$ 点为测站点，$B$ 点为后视方向，计算按极坐标法测设四个角点的水平角和水平距

离,并将计算结果填入表 S28。

表 S28    极坐标法测设数据计算表

| 点号 | 方向号 | 方位角 | 水平角 | 平距(m) |
|---|---|---|---|---|
| A | $i \sim j$ | | | |
| | $A \sim B$ | | | |
| B | | | | |
| | $A \sim P_1$ | | | |
| $P_1$ | | | | |
| | $A \sim P_2$ | | | |
| $P_2$ | | | | |
| | $A \sim P_3$ | | | |
| $P_3$ | | | | |
| | $A \sim P_4$ | | | |
| $P_4$ | | | | |

计算式:

$$\alpha_{i-j} = \arctan \frac{Y_j - Y_i}{X_j - X_i}$$

$$\beta_{A-j1} = \alpha_{A-j} - \alpha_{A-B}$$

$$D_{A-j} = \sqrt{(X_j - X_A)^2 + (Y_j - Y_A)^2}$$

**(二)高程测量与测设数据计算**

高程测量记录与测设数据计算见表 S29。

表 S29    高程测量记录与测设数据计算

水准点 $K$ 高程 $H_{BMK} = $ _____

| 点号 | 后视标尺读数 (m) | 视线高程 (m) | 设计高程 $H$(m) | 前视标尺应有读数(m) $b_{应}$ = 视线高程 - 设计高程 |
|---|---|---|---|---|
| $K$ | | | | |
| $P_1$ | | | | |
| $P_2$ | | | | |
| $P_3$ | | | | |
| $P_4$ | | | | |

**(三)点位和高程测设的检测**

点位和高程测设检测记录见表 S30。

表 S30　点位和高程测设检测记录

水准点高程 $H_{BMK}$ = ＿＿＿＿＿＿　水准点标尺读数 = ＿＿＿＿＿＿　视线高程 = ＿＿＿＿＿＿

| 边号 | 相邻点之间距 | | | $H(m)$ | | | |
|---|---|---|---|---|---|---|---|
| | 实测<br>（m） | 设计<br>（m） | 较差<br>（mm） | 标尺读数<br>（m） | 实测高程<br>（m） | 设计高程<br>（m） | 较差<br>（mm） |
| $P_1$—$P_2$ | | | | | | | |
| $P_2$—$P_3$ | | | | | | | |
| $P_3$—$P_4$ | | | | | | | |
| $P_4$—$P_1$ | | | | | | | |

二、实验答题

（1）测设点的平面位置和高程都必须遵循测量工作＿＿＿＿＿＿＿＿＿＿＿＿＿＿的基本原则。

（2）点位测设的直角交会法一般适用于＿＿＿＿＿＿＿＿＿＿＿＿＿＿，角度交会法一般适用于＿＿＿＿＿＿＿＿＿＿＿＿，极坐标法一般适用于＿＿＿＿＿＿＿＿＿＿。

（3）测设点位时要求测站至后视控制点的距离尽量长，其目的是＿＿＿＿＿＿＿＿＿＿＿＿＿＿＿＿＿＿＿＿＿＿＿＿＿＿＿＿＿＿＿＿＿。

（4）测设点的高程，如果视线高程至桩顶的高度与前视应有读数相差较大应＿＿＿＿＿＿＿＿＿＿＿＿＿＿＿＿＿＿＿＿＿。

（5）安置一次水准仪，同时测设多个点的高程，不同点的前视距离和后视距离难免相差较大，应在测设前仔细进行＿＿＿＿＿＿＿＿＿＿＿＿＿＿＿＿＿＿＿＿＿＿。

# 实验十九　全站仪测设点的平面位置和高程

一、技能目标

能用全站仪测设点的平面位置和高程。

二、内容

（1）以控制点 $A$ 为测站、控制点 $B$ 为零方向，用全站仪按坐标法测设与实验十八同样的矩形建筑物四周角点 $P_1 \sim P_4$ 点的平面位置和高程（见图 S11）。

（2）控制点的已知坐标、待测设 $P_1 \sim P_4$ 点的设计坐标及有关测设数据同实验十八。

三、安排

（1）时数：课内 2 学时。

(2)仪器:全站仪 1 台（包括反射棱镜、棱镜架）、2 m 小钢尺 1 只,测伞 1 把、记录板 1 块。

(3)场地:同实验十八。

## 四、步骤

### (一)安置全站仪及棱镜架(或棱镜杆)

在测站 A 上安置全站仪,对中、整平方法与实验十一同,量仪器高 $i$。

### (二)仪器操作

(1)开机,进入坐标放样模式。

(2)由键盘输入测站点的三维坐标$(x_A, y_B, H_A)$、仪器高。

(3)由键盘输入后视点坐标$(x_B, y_B)$,转动望远镜照准 B,回车。

(4)由键盘输入 $P_1$ 点的三维坐标$(x, y, H)$和棱镜高,根据显示屏显示的角差 dHR = 实测角度 – 所需角度,转动望远镜直至显示的 dHR 为 0,即得所测设点的方向;在视线方向竖立棱镜,照准棱镜中心,测量距离,根据显示屏显示的距离差 dHD = 实测距离 – 所需距离 D,前后移动棱镜杆,再测量直至显示的距离差为 0,即得所测设 $P_1$ 的位置;根据显示屏显示的高差差值 dZ = 实测高差 – 所需高差 h,上下改变棱镜的高度直至显示的 dZ 为 0,即得所测设点 $P_1$ 的高程(或记录 dZ 值,"＋"值表示该点需下挖深度,"－"值表示该点需上填高度)。

(5)重复上述步骤,逐一测设 $P_1$—$P_4$ 点位和高程。

(6)分别量取所测设的四个点位之间的边长和应有的边长进行比较,得各边较差用于检核;同时将测设的四点高程与实验十八按水准测量测设的该二点高程进行比较,得高程差 $\Delta H$,填入表 S31。

参见《测量技术基础》模块二项目四任务三及本书附录二:南方测绘 NTS – 312 型全站仪使用简要说明。

## 五、注意事项

同实验十一和实验十二。

# 实验十九报告

实验名称:全站仪放样测量

日期____天气____专业____年级____班级____小组____观测_____记录_____

## 一、实验记录

### (一)点位测设数据

已知数据见实验十八表 S27,测设数据见实验十八表 S28。

### (二)点位和高程测设检测记录

点位和高程测设检测记录见表 S31。

表 S31　点位和高程测设检测记录

| 边号 | 相邻点之间距 | | | $H(m)$ | | |
|---|---|---|---|---|---|---|
| | 实测<br>(m) | 设计<br>(m) | 较差<br>(mm) | 实测高程<br>(m) | 设计高程<br>(m) | 较差<br>(mm) |
| $P_1—P_2$ | | | | | | |
| $P_2—P_3$ | | | | | | |
| $P_3—P_4$ | | | | | | |
| $P_4—P_1$ | | | | | | |

## 二、实验答题

(1)通过坐标放样法测设点位,在测设其平面坐标时依据的是＿＿＿＿＿＿＿法,而在测设其高程时依据的是＿＿＿＿＿＿＿＿＿＿＿＿法。

(2)两种坐标放样方法比较而言,通过测设角度和距离放样点位的优点是＿＿＿＿＿＿＿＿＿＿＿＿＿＿＿＿＿＿＿＿＿＿＿＿＿＿＿＿,缺点是＿＿＿＿＿＿＿＿＿＿＿＿＿＿＿＿＿＿＿＿＿;通过直接测设坐标放样点位的优点是＿＿＿＿＿＿＿＿＿＿＿＿＿＿＿＿＿＿＿＿＿＿＿＿,缺点是＿＿＿＿＿＿＿＿＿＿＿＿＿＿＿＿。

# 第二部分　测量习题课指导

## 习题课一　水准测量内业计算

### 一、技能目标

能进行单一路线水准测量的内业计算。

### 二、题目

一附合水准路线计包含四个测段,水准点 $BM_A$ 和 $BM_B$ 的已知高程分别为 $H_A =$ 136.742 m, $H_B = 137.329$ m,各测段距离长和测段高差观测值如图 S12 所示,试在表 S32 内进行高差闭合差的调整和所有未知点高程的计算。

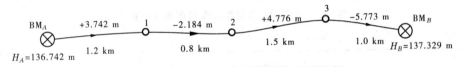

**图 S12　附合水准路线已知数据和观测数据**

### 三、安排

课内 1 学时。

### 四、内容

(1)将已知数据和各测段观测数据填入表 S32。

(2)按下式计算该附合路线的高差闭合差及其容许值,并填入辅助计算栏。

$$f_h = \sum h_测 - (H_终 - H_始) \tag{6}$$

$$f_{h容} = \pm 40\sqrt{L} \text{ mm} \tag{7}$$

(3)高差闭合差调整。若高差闭合差绝对值小于其容许值,即将高差闭合差反号按与各测段距离 $L_i$ 成正比计算各测段高差改正数($i$ 为各测段序号),填入第(4)栏。

$$\Delta h_i = -\frac{f_h}{\sum L_i} L_i \tag{8}$$

(4)计算各未知点高程。将各测段观测高差与高差改正数相加即得该测段改正后高差,再由 $H_A$ 起始,逐一计算各未知点高程,填入第(6)栏。

## 五、注意事项

（1）本题已知各测段的距离长，说明水准测量在平坦地区进行，将距离填入表 S32 第（2）栏（第（3）栏空），若在丘陵地区进行，则应将各测段的测站数 $n_i$ 填入表内第（3）栏（第（2）栏空），高差闭合差容许值的计算公式亦应改为

$$f_{h容} = \pm 12 \sqrt{n} \text{ mm} \tag{9}$$

（2）第（4）栏最后一行算得的高差改正数之和应与高差闭合差绝对值相等，符号相反，可用于对各测段高差改正数的复核计算；如果由于高差闭合差调整计算中的凑整误差使改正数之和与闭合差的绝对值不完全相等而出现小的差数，可将其差数凑到某测段的改正后高差中，从而使改正数之和与闭合差绝对值完全相等。

（3）第（6）栏最后一行应计算出终端水准点的高程，且与其已知高程值相比较，二者亦应完全相等。

（4）闭合水准路线的计算方法和步骤与附合水准路线相同，但其高差闭合差的计算有所不同，参见《测量技术基础》模块一项目一任务二。

（5）本题未知点高程正确答案为：$H_1 = 140.491$ m，$H_2 = 138.311$ m，$H_3 = 143.096$ m。

**表 S32　高差闭合差调整及未知点高程计算表**

专业＿＿＿＿＿　年级＿＿＿＿＿　班级＿＿＿＿＿　学号＿＿＿＿＿＿　姓名＿＿＿＿＿＿＿＿＿

| 点号 | 距离(km)/测站数 | 实测高差<br>（m） | 改正数<br>（m） | 改正后高差<br>（m） | 高程<br>（m） |
|---|---|---|---|---|---|
| （1） | （2） | （3） | （4） | （5） | （6） |
| $BM_A$ | | | | | |
| 1 | | | | | |
| 2 | | | | | |
| 3 | | | | | |
| $BM_B$ | | | | | |
| Σ | | | | | |
| 辅助<br>计算 | $f_h =$<br>$f_{h容} =$　　　　（mm） | | | | |

# 习题课二 导线测量内业计算

## 一、技能目标

能进行导线测量的内业计算。

## 二、题目

已知闭合导线 1 点坐标 $x_1 = 500.00$ m，$y_1 = 500.00$ m，方位角 $\alpha_{12} = 125°30'00''$，观测数据如表 S33 中附图所示，试填表计算所有未知导线点坐标。

## 三、安排

课内 2 学时。

## 四、内容

(1)将已知数据和观测数据填入表 S33(本次计算已填入)。

(2)按下式计算该闭合导线的角度闭合差及其容许值，填入辅助计算栏

$$f_\beta = \sum_{i=1}^{n} \beta_i - (n-2) \times 180° \tag{10}$$

$$f_{\beta允} = \pm 60'' \sqrt{n} \tag{11}$$

(3)角度闭合差调整。若角度闭合差小于其容许值，计算各角改正数

$$v_\beta = -\frac{f_\beta}{n} \tag{12}$$

即将角度闭合差反号平均分配，填入各观测角右上方，由此算得改正后观测角，填入第(3)栏。

(4)计算各未知边方位角，填入第(4)栏，其公式为

$$\alpha_前 = \alpha_后 + \beta_左 \pm 180° \tag{13}$$

(5)计算各边纵、横坐标增量，填入第(6)、(7)栏，其公式为

$$\left. \begin{array}{l} \Delta x' = D\cos\alpha \\ \Delta y' = D\sin\alpha \end{array} \right\} \tag{14}$$

(6)计算该闭合导线的坐标增量闭合差、全长闭合差和全长相对闭合差，填入辅助计算栏，其公式为

$$\left. \begin{array}{l} f_x = \sum_{i=1}^{n} \Delta x'_i \\ f_y = \sum_{i=1}^{n} \Delta y'_i \end{array} \right\} \tag{15}$$

$$f = \pm\sqrt{f_x^2 + f_y^2} \tag{16}$$

$$K = \frac{|f|}{\sum D} = \frac{1}{\sum D / |f|} \qquad (17)$$

（7）坐标增量闭合差的调整。若全长相对闭合差小于其容许值,则将坐标增量闭合差反号,按与各边边长成正比的原则分配,即按式(18)计算各边坐标增量改正数,填入第(6)、(7)栏纵、横坐标增量的右上方,由此计算各边改正后坐标增量填入第(8)、(9)栏

$$\left.\begin{array}{l} v_{xi} = -\dfrac{f_x}{\sum D} D_i \\[3mm] v_{yi} = -\dfrac{f_y}{\sum D} D_i \end{array}\right\} \qquad (18)$$

（8）计算各未知点坐标,填入第(10)、(11)栏。

## 五、注意事项

（1）点号自1、2点开始,按逆时针顺序填入第(1)栏,以使观测角既是内角,又是左角。

（2）由于根据已知方位角 $\alpha_{1-2}$,从 $\alpha_{2-3}$ 开始,依次计算各待定边方位角,首先用到的观测角是 $\beta_2$,因此观测角由2号点开始往下填。而将 $\beta_1$ 填入第(2)栏最后一行,可用于对1—2边方位角的复核计算。

（3）方位角计算公式中,若 $\alpha_后 + \beta_左 > 180°$,±180°前应取"－"号,反之应取"＋"号。此外,如果闭合导线的点号和在表内的计算顺序按顺时针排列,闭合环线内的观测角均成为右角,式(13)需以下式代替(参见《测量技术基础》模块二项目一任务二)。

$$\alpha_{前} = \alpha_{后} - \beta_{右} \pm 180°$$

（4）在坐标增量的计算中,$\Delta x_i'$、$\Delta y_i'$ 前面的符号取决于 $\cos\alpha$ 和 $\sin\alpha$ 的符号,因此首先应根据该边方位角 $\alpha$ 所在的象限,确定 $\cos\alpha$ 和 $\sin\alpha$ 的正、负号。

（5）全长相对闭合差不应表示为小数或一般的分数,而应将其计算结果化为分子为1、分母为整数(一般凑整至百位)的分数。

（6）在角度闭合差和坐标增量闭合差的调整中,由于计算凑整误差使改正数之和与闭合差的绝对值不完全相等,可将其差数凑到某个角的观测值或某条边的坐标增量中,从而使各项改正数之和与相应的闭合差绝对值完全相等。

（7）除上述方位角的计算中,应在第(4)栏最后一行对 $\alpha_{12}$ 进行复核外,在待定点的坐标计算中,还应在第(10)、(11)栏最后一行对起始点的 $x$、$y$ 进行复核,以验证计算的正确性。

（8）在用计算器进行角度和三角函数的有关计算时,应注意角度单位的选择(必须是DEG,即度分秒制)、角度60进制与10进制的转换(按60进制输入,转换为10进制运算,角度的运算结果再转换为60进制)。

（9）如果需要根据两个已知点坐标进行反算获得起始方位角,计算器上显示的运算结果一般是象限角,应根据两点之间坐标增量 $\Delta x$、$\Delta y$ 的"＋"、"－"号判别所在象限,从而将象限角化为方位角。

（10）附合导线计算的方法和步骤与闭合导线相同,但其角度闭合差和坐标增量闭合差的计算有所不同,参见《测量技术基础》模块二项目一任务二。

（11）本题答案:$x_1 = 438.88$ m,$y_1 = 585.68$ m;$x_2 = 486.76$ m,$y_2 = 650.00$ m;$x_3 = 563.34$ m,$y_3 = 545.81$ m。

表 S33　导线闭合差调整及坐标计算表

专业＿＿＿＿＿　年级＿＿＿＿＿　班级＿＿＿＿＿　学号＿＿＿＿＿＿＿＿＿　姓名＿＿＿＿＿＿＿

| 点号 | 观测角 $\beta$ (° ′ ″) | 改正后角值 $\beta$ (° ′ ″) | 方位角 $\alpha$ (° ′ ″) | 距离 $D$ (m) | 纵坐标增量 $\Delta x'$ (m) | 横坐标增量 $\Delta y'$ (m) | 改正后 $\Delta x$ (m) | 改正后 $\Delta y$ (m) | 纵坐标 $x$ (m) | 横坐标 $y$ (m) |
|---|---|---|---|---|---|---|---|---|---|---|
| (1) | (2) | (3) | (4) | (5) | (6) | (7) | (8) | (9) | (10) | (11) |
| 1 | | | **125 30 00** | 105.22 | | | | | **500.00** | **500.00** |
| 2 | 107 48 30 | | | 80.18 | | | | | | |
| 3 | 73 00 20 | | | 129.34 | | | | | | |
| 4 | 89 33 50 | | | 78.16 | | | | | | |
| 1 | 89 36 30 | | **125 30 00** | | | | | | **500.00** | **500.00** |
| 2 | | | | | | | | | | |
| 总和 | | | | | | | | | | |

| 辅助计算 | $\sum \beta_测 =$ <br> $\sum \beta_理 = (n-2) \times 180° =$ <br> $f_\beta =$ <br> $f_{\beta允} = \pm 60'' \sqrt{n} =$ | $f_x =$ ,$f_y =$ <br> $f = \pm \sqrt{f_x^2 + f_y^2} =$ <br> $K =$ <br> $K_允 = \dfrac{1}{2\,000}$ | 附图 <br> |
|---|---|---|---|

# 习题课三　纸质地形图应用

## 一、技能目标

能在工程施工中应用纸质地形图。

## 二、题目

在纸质地形图(见图 S13)中完成有关地形图基本应用和施工应用的练习。

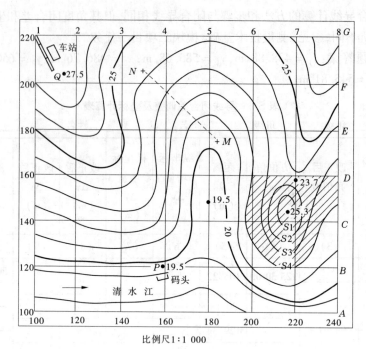

比例尺1:1 000

**图 S13 纸质地形图(局部)**

## 三、时数

课内 2 学时。

## 四、内容

(1)按图解法,在图上直接量取 $M$、$N$ 两点的坐标分别为 $x_M =$ _____、
$y_M =$ _____,$x_N =$ _____、$y_N =$ _____。

(2)按图解法,在图上直接量取 $M$、$N$ 之间的方位角 $\alpha_{MN} =$ _____,水平距离 $D_{MN} =$
_____(该图实际比例尺约为1:1 700,应根据实际比例尺分母,将图上距离化为实地
距离)。

(3)按解析法,将 $M$、$N$ 的坐标代入以下公式,计算两点之间的水平距离和方位角(对
图解法的结果进行检核)

$$\alpha_{MN} = \arctan \frac{y_N - y_M}{x_N - x_M} =$$

$$D_{MN} = \sqrt{(x_N - x_M)^2 + (y_N - y_M)^2} =$$

(4)按内插法,图上按比例内插得 $M$、$N$ 两点的高程分别为 $H_M =$ _____,
$H_N =$ _____,计算得 $MN$ 的地面坡度 $i = (H_N - H_M)/D_{MN} =$ _____%。

(5)试从图上 $P$ 点出发,选定一条设计坡度 $i = +8\%$ 至火车站 $Q$ 的最佳路线。
首先计算满足该坡度要求的路线通过图上相邻等高线的最短平距

$$d = \frac{h}{iM} =$$

式中:$h$ 为等高距;$i$ 为设计坡度;$M$ 为该图实际比例尺分母。

然后按《测量技术基础》模块二项目三任务三介绍的方法,选择最佳路线。

(6)绘制 $D_1(x=160,y=100)$—$D_8(x=160,y=240)$ 方向的纵断面图见图 S14。

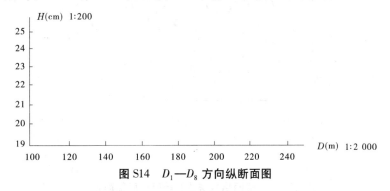

图 S14　$D_1$—$D_8$ 方向纵断面图

①在地形图上依次量取 $D_1$—$D_8$ 横向格网线与所穿过等高线交点之间的水平距离,在图 S14 的横向坐标轴上,根据点间距按实际比例尺 1:1 700,再按横向比例尺 1:2 000 缩小,在横轴上逐一展出各交点位置。

②自横轴上各点起始,根据各交点所在等高线的高程,沿竖向逐一展出各交点高程所在的位置。

③以光滑曲线连接各交点高程所在点位,即得该 $D_1$—$D_8$ 方向的纵断面图。

(7)按等高线法计算直线 $D_6 D_8$ 与高程为 22 m 等高线所包围的地区(图 S15 中阴影部分,即 22 m 等高线至山丘顶部)的总体积 $V(m^3)$,计算结果填入表 S34。

表 S34　等高线法体积计算表

| 等高线高程 $H$ | 方格数 $n$ | 图上面积 $(m^2)$ | 实地面积 $(m^2)$ | 高差 $h(m)$ | 体积 $(m^3)$ |
|---|---|---|---|---|---|
|  |  |  |  |  |  |
|  |  |  |  |  |  |
|  |  |  |  |  |  |
|  |  |  |  |  |  |
|  |  |  |  |  |  |
| 合计 |  |  |  |  |  |

具体解算步骤如下:

①将图上阴影部分放大,并在其上蒙绘小型方格网(10 行 × 10 列,计 100 个方格,每个方格长、宽的实地长度均为 5 m,即每个方格的实地面积为 5 m × 5 m = 25 m² ),如图 S15 所示。

②按"透明格网法"在图 S15 上逐一求出各条等高线与直线 $D_6 D_8$ 所围阴影部分的方格数(完整方格数 + 边界线上非完整方格凑成完整的方格数)$n_{H_i}$。

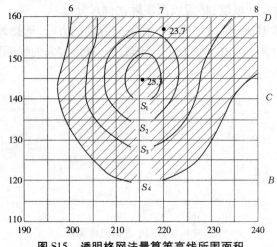

**图 S15　透明格网法量算等高线所围面积**

③计算各条等高线与直线 $D_6D_8$ 所围阴影部分的实地面积

$$A_{实H_i} = A_{G实} \times n_{H_i} \quad (m^2) \tag{19}$$

式中：$A_{G实}$ 是根据图上坐标格网的注记直接得到的每个方格对应的实地面积，由图 S15 可见，本例 $A_{G实}=5\ m \times 5\ m = 25\ m^2$。

④按下式计算各相邻等高线之间的体积

$$V_i = \frac{A_{实H_i} + A_{实H_{i+1}}}{2} \times h \tag{20}$$

式中：$h$ 为等高距，本例为 1 m。

山丘顶部至 25 m 等高线之间的体积为

$$V' = \frac{A_{实25}}{3} \times h' \tag{21}$$

式中：$A_{实25}$ 为 25 m 等高线所围的实地面积，$h' =$ 坡顶高程（25.3）$-25.0 = 0.3$（m），因近似锥形，所以其分母为 3。

⑤累加即得阴影部分总体积 $V$。

有关计算在表 S34 内完成，参见《测量技术基础》模块二项目三任务二和任务三。

本题答案：阴影部分总体积 $V \approx 1\ 670\ m^3$。

# 习题课四　方格网法进行场地平整设计和土方量计算

## 一、技能目标

能在地形图上应用方格网法进行场地平整设计和土方量计算。

## 二、题目

在表 S35 内局部地形图上完成方格网所包围施工场地的平整设计和土方量计算练习。

## 三、时数

课内 2 学时。

## 四、内容

在表 S35 中首先依据等高线内插各方格角点的高程,再按挖方和填方基本相等的原则,应用方格法(每方格的实地长、宽均为 10 m)进行场地平整设计(计算零点高程和各方格角点的挖深或填高),并计算各方格的挖方和填方及总的挖方量和填方量。其步骤如下所述。

### (一)确定图上网格交点的高程

在图上方格网(4 行 ×4 列计 16 个方格)所围成的场地内,据等高线内插逐一确定每个方格角点的地面高程,注于各方格角点的右上方。

### (二)计算零点高程,图上插绘零线

令外围的角点权值为 0.25,四周边线上的边点权值为 0.50,边线拐角的拐点权值为 0.75(本题无拐点),中间部分的中点权值为 1.00,用所有角点高程的加权平均值计算零点高程

$$零点高程 \ H_0 = \frac{\sum (P_i \times H_i)}{\sum P_i} \tag{22}$$

式中:$H_i$ 为各角点的地面高程;$P_i$ 为其相应的权值。

随后,在地形图上插绘出高程与零点相同的等高线(零线),即挖、填土方的分界线。

### (三)计算网格交点的挖深和填高

将每个方格四个角点的原有高程减去零点高程,即得该角点的挖深(差值为正)或填高(差值为负),注于图上相应角点的右下方,单位为 m。

### (四)计算土方量

将每个方格左上、右上、左下、右下四个角点的挖深或填高,依方格编号填入表 S35 相应栏中,再计算各方格的平均挖深、下挖的实地面积与平均填高、上填的实地面积,则各方格的挖方 = 下挖面积 × 平均挖深,填方 = 上填面积 × 平均填高,即得该方格的挖方量或填方量。分别取所有方格的挖方量之和、填方量之和,为全场的总挖方与总填方,汇总即得场地平整的总土方量,所有计算在表 S35 内完成。

## 五、注意事项

(1)表 S35 计算部分的(1)～(4)栏分别填每个方格四个角点的挖深或填高,而并非角点的地面高程。

(2)计算每个方格的平均挖深、下挖面积或上填均高、上填面积时有三种情况:

第一种,无零线通过的全挖方格,下挖均深就等于四个角点挖深的平均值,下挖面积就等于方格的实地面积;

第二种,无零线通过的全填方格,上填均高就等于四个角点填高的平均值,上填面积亦等于方格的实地面积;

第三种,有零线通过的方格,应将该方格分成下挖和上填两部分,分别计算其平均挖深、下挖面积和平均填高、上填面积,而在计算平均挖深和平均填高时应将零线与方格边线的交点视为两个"零点"(即其挖深和填高均为 0 的点)加以考虑。

(3)每个方格内下挖和上填两部分的面积,若精度要求较高,则应对两部分分别进行面积量算,若精度要求较低,则可直接在图上估计两部分各占方格面积之比,再根据方格的实地面积按二者之比分别得出下挖和上填的实地面积。

(4)第一种方格仅计算挖方((5)~(7)栏),第二种方格仅计算填方((8)~(10)栏),第三种方格既有挖方也有填方,应分别计算((5)~(10)栏)。

参见《测量技术基础》模块二项目三任务三。

本题答案:总挖方 + 总填方 ≈ 1 220 m³。

### 表 S35　方格网法场地平整设计与土方计算表

| 零点高程计算 | 图上零线内插 |
|---|---|
| 设权值 $P_i$:<br>角点　0.25<br>边点　0.50<br>拐点　0.75<br>中点　1.00<br>零点高程 $H_0 =$<br>$\dfrac{\sum(P_iH_i)}{\sum P_i}$<br>$=$<br>说明:图上每方格实地长、宽均为 10 m。每方格实地面积为 100 m² | |

| 方格号 | 各点挖深( + )或填高( – )(m) | | | | 挖方(m³) | | | 填方(m³) | | | 总方量(m³) |
|---|---|---|---|---|---|---|---|---|---|---|---|
| | 左上 | 右上 | 左下 | 右下 | 均深 | 面积 | 方量 | 均高 | 面积 | 方量 | |
| | (1) | (2) | (3) | (4) | (5) | (6) | (7) | (8) | (9) | (10) | (11) |
| ① | | | | | | | | | | | |
| ② | | | | | | | | | | | |
| ③ | | | | | | | | | | | |
| ④ | | | | | | | | | | | |
| ⑤ | | | | | | | | | | | |

| 方格号 | 各点挖深(+)或填高(−)(m) | | | | 挖方(m³) | | | 填方(m³) | | | 总方量(m³) |
|---|---|---|---|---|---|---|---|---|---|---|---|
| | 左上 | 右上 | 左下 | 右下 | 均深 | 面积 | 方量 | 均高 | 面积 | 方量 | |
| | (1) | (2) | (3) | (4) | (5) | (6) | (7) | (8) | (9) | (10) | (11) |
| ⑥ | | | | | | | | | | | |
| ⑦ | | | | | | | | | | | |
| ⑧ | | | | | | | | | | | |
| ⑨ | | | | | | | | | | | |
| ⑩ | | | | | | | | | | | |
| ⑪ | | | | | | | | | | | |
| ⑫ | | | | | | | | | | | |
| ⑬ | | | | | | | | | | | |
| ⑭ | | | | | | | | | | | |
| ⑮ | | | | | | | | | | | |
| ⑯ | | | | | | | | | | | |
| 合计 | — | — | — | — | — | — | | — | — | | |

# 第三部分　测量实训指导

## 一、实训性质、任务和基本要求

《测量技术基础实训》是测量技术基础课程的实践教学环节和重要组成部分,其主要任务是使学生加深对课堂所学测量基本理论的理解,系统地掌握常见测量仪器的使用和基本测量、控制测量、地形图测绘和点位测设的技能,进一步培养学生的实践操作能力和在测量工作中分析问题、解决问题的能力。

学生通过本实训应做到:加深对测量基本理论的理解,进一步掌握或了解一般测量仪器和电子测量仪器的使用、三种基本测量工作的外业观测和内业计算能力、小区域控制测量到地形图测绘全过程,以及点位测设的作业技能和计算方法,与此同时,在实践中培养高度的责任感、认真的作业态度、不怕艰苦的工作作风和良好的团队精神。

## 二、实训主要内容

实训主要包括三种基本测量工作作业技能的训练,小区域平面和高程控制测量建立到小地块地形图测绘的全过程,以及建筑物角点的点位测设等一般测量基础技能的掌握等,具体内容如下:

(1)DS$_3$ 型水准仪(或数字水准仪)的组成和使用;

(2)DJ$_6$ 型光学经纬仪(或全站仪)的组成和使用;

(3)闭合水准测量外业观测和内业计算;

(4)闭合导线测量外业观测和内业计算;

(5)小地块地形图测绘(全站仪 + CASS 软件数字测图);

(6)一般建筑物角点的点位测设与检核;

(7)施工场地平整测量;

(8)土地面积测量。

## 三、时间、场地和人员组织

实训 2 学分,两周(10 个工作日),计 36 学时。

场地:测量实训场。

人员组织:每小班分若干小组,每小组 5 ~6 人,设正、副组长各 1 人。

## 四、作业时间分配

各项目作业内容和时间分配见表 S36。

| 序号 | 作业项目 | 作业内容 | 工作日 |
|------|----------|----------|--------|
| 1 | 布置任务、选点、领仪器 | 现场踏勘选点 | 0.5 |
| 2 | 检验仪器 | 检验水准仪和经纬仪 | 0.5 |
| 3 | 闭合水准测量外业 | 按四等水准施测 | 1.0 |
| 4 | 闭合导线测量外业 | 按图根导线施测 | 1.5 |
| 5 | 内业计算 | 水准、导线计算（包括手算和电算） | 1.0 |
| 6 | 小地块地形图测绘 | 全站仪＋CASS 数字测图＋内业电脑绘图 | 2.5 |
| 7 | 建筑物定位和放线 | 测设建筑物角点点位和所有次要轴线交点（内业计算＋外业操作） | 1.0 |
| 8 | 平整场地测量 | 场地平整测量及土地面积测量 | 0.5 |
| | | 平整场地土方量计算 | 0.5 |
| 9 | 测量新仪器、新技术介绍 | | 0.5 |
| 10 | 操作考核、上交成果 | | 0.5 |
| 11 | 合计 | | 10.0 |

## 五、领用仪器

各组领借:DS$_3$ 型水准仪 1 台、全站仪 1 台、棱镜（附棱镜杆）2 套,或 DJ$_6$ 型光学经纬仪 1 台、钢尺 1 把、水准尺 2 根、塔尺 1 根、标杆 1 根、测钎 2 副、皮尺 1 把、工具包 1 个、记录板 1 块、木桩若干。

## 六、具体作业内容和技术要求

### （一）仪器检验

1. DS$_3$ 型水准仪检校

（1）圆水准轴检验和校正。

（2）十字丝横丝检验和校正。

（3）水准管轴检验和校正。

具体方法参见《测量技术基础》模块一项目一任务三。

2. DJ$_6$ 型经纬仪检校

（1）照准部水准管轴检验和校正。

（2）视准轴检验和校正。

（3）横轴检验和校正。

（4）十字丝竖丝检验和校正。

（5）竖盘指标水准管轴检验和校正。

仪器检验和校正数据及结果填入相应的仪器检验和校正记录。

具体方法参见《测量技术基础》模块一项目二任务四。

（二）平面控制测量

每小组在一场地四周，按图根导线的技术要求布设一条闭合导线（见图 S16），假设 $A(1)$ 点为已知点，$A(1)$ 点至远处某目标 $B$ 的方位角为已知方位角，其坐标 $x_A$、$y_A$ 和方位角 $\alpha_{AB}$ 可由指导教师根据实地情况予以设定。作业的具体步骤为：

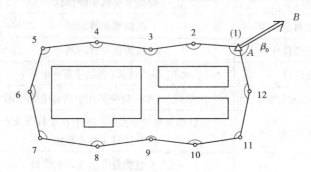

图 S16    闭合导线布设

（1）踏勘选点。导线沿建筑物四周的道路边线布设，含 12 个导线点，边长为 50～100 m，点位一般设在道路交叉口、建筑物外墙拐角或门厅、过道附近，通过实地踏勘选定。

（2）水平角观测。导线的转折角用经纬仪（或全站仪）观测，$A(1)$ 号点三个方向采用方向观测法，其他点均为两个方向，采用测回法，按导线前进方向观测左角（即闭合导线内角）各 1 个测回，仪器使用光学对点器（或激光器）对中，误差应 <1 mm，整平时水准管气泡偏移应 ≤1 格，盘左、盘右两个半测回水平角之差应不超过 ±4″（方向观测法限差按《测量技术基础》第 51 页表 1-2-3 规定执行）。

（3）边长测量。导线的边长用钢尺（或全站仪）进行往、返测量，往、返测量较差的相对误差应不超过 1/3 000。

（4）连接测量。在导线的已知点 $A(1)$ 上同时观测连接已知方向 $AB$ 的连接角 $\beta_0$。

（5）内业计算。对外业观测成果予以检查，若符合要求，即进行导线的闭合差调整和坐标计算。导线的角度值及方位角值取至秒，边长取至毫米，最后坐标取至厘米，导线角度闭合差应不超过 $\pm 60''\sqrt{n}$（式中 $n$ 为导线转折角个数），导线的全长相对闭合差应不超过 1/2 000。

计算在"导线闭合差调整及坐标计算表"内进行，手算后，还可以用 Visual Basic 单一导线程序进行电算。

具体方法参见《测量技术基础》模块二项目一任务二和任务三。

（三）高程控制测量

以闭合导线（见图 S16）的所有导线点作为高程控制点，按四等水准测量的技术要求完成一条闭合路线的水准测量（对地形图测绘而言，其图根高程测量按普通水准测量的精度要求即可，这里主要是为了兼顾四等水准测量技能和方法的训练）。闭合水准路线应与已知水准点联测，若无水准点，可假设其中 1 个点（如 1 号点）为已知点，其高程可根据实地情况予以设定。

（1）观测。采用双面尺法，每测站 8 项读数，10 项计算，符合限差要求方可搬站。设站时,应将仪器安置在前、后视距大致相等处,凡以中丝对前、后标尺读数前,均应旋转微倾螺旋使符合气泡居中。

(2)计算。对外业观测成果予以检查,若符合要求,即进行水准路线的闭合差调整和高程计算。路线高差闭合差的容许值为 $f_{h容} = \pm 20\sqrt{L}$ mm,式中 $L$ 为路线全长千米数。

计算在"高差闭合差调整及待定点高程计算表"内进行,平面控制测量和高程控制测量的结果填入"控制测量成果表"。

具体方法参见《测量技术基础》模块二项目一任务四和模块一项目一任务二。

### (四)小块地形图测绘

在上述闭合导线范围内测绘比例尺为1∶500的小块地形图,以全站仪 + CASS 软件,采用数字测绘法。其主要步骤如下。

1. 外业数据采集

(1)以闭合导线某导线点为测站点,相邻导线点为后视点,在测站点架设仪器,量取仪器高 $i$,将测站点和后视点的三维坐标以坐标文件的形式存入全站仪。

(2)进入数据采集菜单,调用上述坐标文件设置测站点、后视点、仪高、镜高,照准后视点,予以确认。

(3)按数据采集测定待测点的方法依次对测站四周的地物、地貌特征点进行测量,将测量结果存入观测数据文件和坐标数据文件,与此同时,绘制作业草图。

2. 内业成图

(1)数据传输与转换。将全站仪通过通信电缆与电脑相连接,运行 CASS 软件将全站仪测量的数据文件( ∗ .RAW 或 ∗ .PTS 文件)输入计算机,转换为 CASS 坐标文件( ∗ .DAT 或 ∗ .TXT 文件)。

(2)电脑绘图。应用 CASS 软件,调用碎部点坐标数据文件,对照野外作业草图,在计算机上完成所测道路、房屋、苗圃等地物和等高线的绘制,并加注记和图框。

参见《测量技术基础》模块二项目二任务三。

### (五)建筑物点位测设

1. 实训目的

通过某办公楼的定位与放线测量,使学生能够掌握建筑物点位测设的方法。

2. 实训内容和基本要求

各小组在所测导线上指定一点作为测站点,其相邻点作为后视点(见表S37),完成一模拟办公楼角点,即外墙轴线6个交点的测设(见图S17),测站点、后视点和6个角点假设的已知坐标见表S37。

表 S37  测站点($A$)、后视点($B$)已知坐标及办公楼角点的设计坐标

| 点名 | $x$(m) | $y$(m) | $H$(m) | 边号 | 平距(m) |
|------|--------|--------|--------|------|---------|
| ($A$) | 100.000 | 200.000 | 30.00 | | |
| ($B$) | 100.000 | 250.000 | | | |
| $E$ | 101.200 | 197.250 | 30.20 | $E \sim F$ | 1.30 |

| 点名 | $x$(m) | $y$(m) | $H$(m) | 边号 | 平距(m) |
|---|---|---|---|---|---|
| $F$ | 102.500 | 197.250 | 30.20 | $F \sim A$ | 3.90 |
| $A$ | 102.500 | 193.350 | 30.20 | $A \sim B$ | 6.20 |
| $B$ | 108.700 | 193.350 | 30.20 | $B \sim C$ | 12.90 |
| $C$ | 108.700 | 206.250 | 30.20 | $C \sim D$ | 7.50 |
| $D$ | 101.200 | 206.250 | | $D \sim E$ | 9.00 |

3. 实训方法和具体步骤

方法与形式由教师现场指导、学生分组完成。

(1)内业计算。按极坐标法计算 6 个角点的测设数据。

(2)办公楼主要点位测设(又称"定位")。现场选择测站点和后视点,按全站仪坐标法测设办公楼 6 个角点。

(3)办公楼次要点位测设(又称"放线")。现场在角点测设的基础上进行办公楼次要轴线交点的测设。

具体步骤:

(1)内业计算。

①计算测站点~后视点的方位角 $\alpha_{A1}$;

②分别计算测站点至 6 个角点的方位角 $\alpha_{AP_i}$($i = 1 \sim 6$);

③分别计算测设 6 个角点的水平角和水平距离

$$\beta_i = \alpha_{AP_i} - \alpha_{AB}$$

$$d_i = \sqrt{(x_{P_i} - x_A)^2 + (y_{P_i} - y_A)^2}$$

计算在"建筑物主轴线角点测设数据计算表"内进行。

(2)办公楼主要点位测设(全站仪坐标放样)。

在指定测站安置全站仪,进入坐标放样模式,输入测站点的三维坐标、后视点的坐标与仪器高,照准后视点后,再输入放样点三维坐标及棱镜高,转动望远镜,依次测设 6 个角点的点位及桩位标高的差值 dZ(即每个角点按设计高程应有的下挖深度或上填高度)。

(3)检核。

①测设每个点位时,检核屏幕上显示的放样该点应有的角度差 dR、应有的水平距离 dH 和极坐标法计算该点的放样角度 $\beta_i$ 和放样距离 $d_i$ 是否一致。

②检核测设后相邻点位之间的水平距离和表 S37 中的相应边长是否一致(每条边的长和表 S37 中相应的平距误差不得超过 ±3 cm)。

③$A$、$B$、$C$、$D$、$E$、$F$ 点上相应的转角均应等于 90°00′00″,依次在该 6 点架设全站仪,检测相应的转角与 90°00′00″ 之差,均不得超过 ±1′。

(4)办公楼次要点位测设。

在角点测设的基础上,依据设计图纸(见图S17),用钢尺将所有次要轴线与主要轴线的交点测设于实地,并用粉笔将办公楼所有轴线在实地标出。

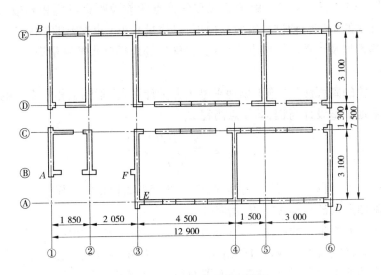

图 S17 某办公楼建筑平面图

具体方法参见《测量技术基础》任务模块二项目四任务三。

## (六)场地平整测量

在丘陵山地约 50 m × 50 m 的场地上,沿山坡建立一个由 4 行 4 列方格组成的格网(即 4 × 4 计 16 个方格,方格边长均为 10 m,即每方格的实地面积为 100 m²,见图 S18)。在每个网格角点打上木桩(如无山坡可以利用,可在同样范围的平坦场地上打上高度不等的木桩,以模拟一丘陵山地,山地由低至高的高差为 1.0 ~ 1.5 m,坡度变化不宜太大),设将该格网范围内按总填方量等于总挖方量的原则整为一水平场地,按以下步骤进行场地平整测量和场地平整土方量的计算。

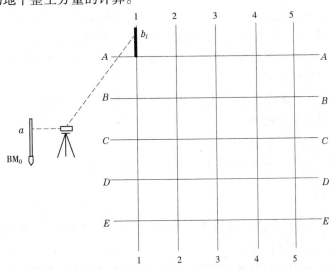

图 S18 平整场地格网布置及水准测量示意图

（1）外业。在场地内适宜位置安置水准仪，以场地外围一假定高程的水准点（例如 $H_{BM_0} = 10.000$ m）为后视，依次测定所有桩点的高程。如图 S18 所示，$a$ 为后视读数，$b_i$ 为前视读数，其 $i = 1,2,3,\cdots,25$。由于后视和各桩点的前视距离可能相差较多，所以事先应再次对水准仪的水准管轴进行检验和校正，以尽量减小 $i$ 角误差的影响。

外业观测数据及计算所得桩点高程记入"施工场地平整水准测量记录"。

（2）内业。

①将各桩位的高程注于"施工场地平整土方量计算表"附图上相应交点的右上方。

②计算场地平整设计高程，即零点高程 $H_0$

$$H_0 = \frac{\sum (P_i H_i)}{\sum P_i} \tag{23}$$

式中：$H_i$ 为各交点（即桩点）的实测高程；$P_i$ 为各交点高程相应的权值。

再在该附图上内插高程等于 $H_0$ 的零线。

③计算每个方格角点的挖深（＋）或填高（－），注于图上相应网格角点的右下方。

④将所有方格按有无零线通过的情况分为全挖方格、全填方格及半挖半填方格，分别计算每个方格的下挖面积、下挖均深或上填面积、平均填高。

⑤计算各方格的挖方（下挖面积×平均挖深）和填方（上填面积×平均填高），汇总得全场的总挖方、总填方以及总方量。

计算在"施工场地平整土方量计算表"内进行。

具体方法参见《测量技术基础》模块二项目三任务三。

**（七）土地面积测量**

用全站仪测定某广场或水域的面积，其步骤如下：

（1）在广场中间或水域外边适当地点架设全站仪，沿广场或水域周边选择若干"拐点"，予以顺时针（或逆时针）编号，点与点之间的连线不得交叉。

（2）开机，按［M］键进入菜单模式，选"F2：程序测量"—"F3：面积测量"—"F2：测量"—转动望远镜照准 1 号点棱镜，按［测量］键—按［确认］键—再依次进行后续点的照准、测量，直至所有拐点测量完毕，测量三个点即显示面积，选取拐点的点数越多得到的面积越精确。记录显示的面积值。

（3）将全站仪重新移位设站，重复上述步骤进行同一边线的第二次测量，取两次测量的较差作为对测量结果的校核。

测量结果记入"面积测量记录"。

参见《测量技术基础》模块一项目三任务五中图 1-3-21。

## 七、注意事项

（1）测量实训的各项工作以组为单位，组员之间应密切配合，发扬团队精神，以便顺利完成实训任务，达到实训目的。

（2）遵守纪律，不得随意缺席和迟到、早退，有事必须向指导教师请假。

（3）每天作业前，应复习教材，对当天的作业内容和方法做到心中有数。

（4）每项工作观测完成后，应及时整理、计算，超出限差应予返工。

（5）观测记录应真实、工整，不得随意涂改和转抄，并妥善保存。

（6）所有内业计算成果必须个人独立完成（允许在计算过程中相互检核），严禁抄袭和拷贝他人的成果。

（7）仪器设站、测量作业应不影响交通，不损坏花木，注意安全。

（8）各组每天作业进程按指导书执行，组长应合理分工和对各工种进行轮换，组员应团结协作、发现问题和解决问题，遇有困难及时向指导教师反映。

（9）如遇雨天无法作业，和双休日调换。

（10）各组之间应互相谦让、互相支持，共同圆满完成实训任务。

（11）应认真执行"测量仪器工具使用管理制度"。借领或各组之间交换仪器工具时，应认真清点、检查、登记。作业中，应小心操作，爱护仪器，不得损坏和丢失，严禁持仪器、标尺、工具互相打闹，发现问题应及时向指导教师和实验室汇报，如有丢失或损坏，除需赔偿外还将视情节给予处分。使用仪器和记录的具体要求见本书"测量实验须知"部分。

## 八、实训成果

### （一）小组上交成果

（1）控制网略图。

（2）水准仪和经纬仪检验、校正记录。

（3）水准测量观测记录。

（4）导线测量水平角及距离观测记录。

（5）控制测量成果表。

（6）测绘的局部数字地形图打印图件。

（7）施工场地水准测量记录。

（8）土地面积测量记录。

### （二）个人上交成果

1. 实训报告

实训报告是个人完成测量实训时的技术小结，其编写格式和内容如下：

（1）目录。

（2）前言。简述测量实训的时间、地点、目的、任务、场地概况、天气、出勤情况等。

（3）实训内容。实训过程、内容、程序、方法、技术要求、实测结果、计算成果等。

（4）实训体会。叙述实训过程中所遇困难、问题和解决的方法，通过实训所取得的收获和不足、经验和教训及心得体会等。

2. 个人计算资料（作为个人实训报告的附录）

（1）水准测量计算表。

（2）导线测量计算表。

（3）办公楼角点测设数据计算表和测设相对点位检测表。

（4）施工场地平整高程和土方量计算表。

## 九、测量新仪器和新技术介绍

请有关单位或测绘仪器公司专家携带全站仪、GPS接收机、激光测量仪等来实训现场介绍测量新仪器的特点和使用方法,或组织学生去建筑工地参观,并亲身体验测量新仪器在建筑施工中的应用。

## 十、操作考核

操作考核内容包括四等水准测量(1 测站)、水平角测量 (1 测回)、竖直角测量(1 测回)、全站仪坐标测量、按极坐标法进行点位测设等,届时由学生抽签选择其中一项,根据试题要求,在限定时间内现场进行安置仪器、观测、记录和计算,根据操作仪器的熟练程度、观测记录计算的正确程度和所用时间等进行评分。

## 十一、成绩评定

本实训成绩由实训表现、实训成果和操作能力综合按优秀、良好、中、及格和不及格五等评定。实训表现根据学生的出勤、遵守纪律情况和工作态度计分,实训成果由观测记录、内业计算和绘图等成绩及实训报告的完成情况计分,操作能力主要取决于实训中的操作表现和结束时的操作考核成绩。

# 附录一 南方测绘 DL − 202 型 数字水准仪使用简要说明

## 一、部件名称

数字水准仪各总部件名称如图 S19 所示。

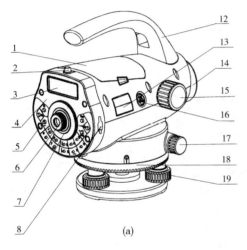
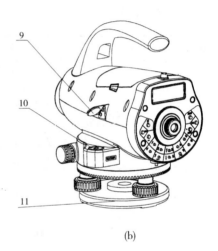

(a)                                        (b)

1—电池;2—粗瞄器;3—液晶显示器;4—面板;5—按键;6—目镜(用于调节十字丝的清晰度);

7—目镜护罩(旋下此护罩可以进行分划板的调整,以调整光学视准线误差);

8—数据输出插口:用于连接电子手簿或计算机;9—圆水准器反射镜;10—圆水准器;

11—基座;12—提柄;13—型号标贴;14—物镜;15—调焦手轮(用于标尺调焦);

16—电源开关/测量键(用于开关仪器和测量);17—水平微动手轮;

18—水平度盘(用于将仪器照准方向的水平方向值设置为零或所需值);19—脚螺旋

**图 S19 数字水准仪各部件名称**

## 二、操作键及其功能

| 键符 | 键名 | 功能 |
|---|---|---|
| POW/MEAS | 电源开关/测量键 | 开关电源和用于测量<br>开机:仪器待机时轻按一下<br>关机:按 2 s 左右 |
| MENU | 菜单键 | 在其他显示模式下,按此键可以回到主菜单 |
| DIST | 测距键 | 在测量状态下按此键测量并显示距离 |
| ↑↓ | 选择键 | 翻页菜单屏幕或数据显示屏幕 |

| 键符 | 键名 | 功能 |
|---|---|---|
| → ← | 数字移动键 | 查询数据时的左右翻页或输入状态时的左右选择 |
| ENT | 确认键 | 用来确认模式参数或输入显示的数据 |
| ESC | 退出键 | 用来退出菜单模式或任一设置模式,也可作输入数据时的后退清除键 |
| 0～9 | 数字键 | 用来输入数字 |
| — | 标尺倒置模式 | 用来进行倒置标尺输入。首先将设置模式\测量参数\标尺倒置设置为"使用",然后在按[测量]键之前按此键,屏幕右上角的电池标志和T标志交替显示,此时的测量值即为标尺倒置后的测量值 |
| δ | 背光灯开关 | 打开或关闭背光灯 |
| . | 小数点键 | 数据输入时输入小数点 |

## 三、功能菜单

| MENU | 一级菜单 | 二级菜单 | 三级菜单 | |
|---|---|---|---|---|
| 主菜单 | 1. 测量 | 1. 标准测量(仅测量标尺读数和距离) | | |
| | | 2. 放样测量 | 1. 高程放样(通过输入高程进行放样) | |
| | | | 2. 高差放样(通过输入高差进行放样) | |
| | | | 3. 视距放样(通过输入视距进行放样) | |
| | | 3. 线路测量(用于沿线路根据后视点高程测量中间点或前视点高程) | | |
| | | 4. 高程高差(用来根据后视点高程测量前视点的高差和高程) | | |
| | 2. 检校 | (主要用于仪器视准线误差 $i$ 角的检校) | | |
| | 3. 设置 | 测量参数 | 测量模式 | $N$ 次测量(取平均值)/连续测量 |
| | | | 最小读数 | 1 mm/0.5 mm |
| | | | 标尺倒置 | 使用/不使用 |
| | | | 数据单位 | 米/英尺 |
| | | | 存储模式 | 不存储/自动存储/手动存储 |
| | | 仪器参数 | 自动关机 | 开/关 |
| | | | 对比度 | 1/9 |
| | | | 背景光 | 开/关 |
| | | | 仪器信息 | 出厂日期/仪器机号 |
| | | | 注册信息 | |
| | 4. 数据管理(用数据文件进行操作) | 1. 输入点 | | |
| | | 2. 查找作业 | 输入点/标准测量/线路测量/高程高差 | |
| | | 3. 删除作业 | 输入点/标准测量/线路测量/高程高差 | |
| | | 4. 检查容量 | (检查内存使用情况) | |
| | | 5. 文件输出 | 输入点/标准测量/线路测量/高程高差 | |
| | | 6. 格式化 | (删除所有文件,对内存进行初始化) | |

**注**:测量前可先设置"平均测量次数"。操作:按[ENT]键,显示主菜单—"3. 设置",按[ENT]键—"测量参数",按[ENT]键—按[▲][▼]键—"1. 测量模式",按[ENT]键—"1. N 次测量",输入测量次数 $N(1～9)$,按[ENT]键,则测量结果取 $N$ 次测量的平均值,以提高精度。

## 四、基本操作

仪器的基本操作与自动安平水准仪大致相同,包括安置、粗平、瞄准、读数、关机等。

(1)安置水准仪:将仪器用连接螺旋固定在架头上,使其高度适宜,按[电源]键开机。

(2)粗平:按"左手法则"旋转脚螺旋,使圆水准器气泡居中,即可使补偿器在补偿范围内使望远镜水平。

(3)安置水准尺:条形码水准尺应使尺上的圆水准器气泡居中,以保证标尺直立。测量时,不应有障碍物或阴影投射在尺面上,以免妨碍仪器照准或通视,尺面若直对阳光可少许旋转,以免对仪器产生过强的反射光。

(4)瞄准:将望远镜照准标尺,进行目镜和物镜调焦,使十字丝和水准尺影像均非常清晰,并消除视差。

(5)读数:观测和计算数据可以通过"存储模式"选择使用"不存储"(即读数)、"自动存储"或"手动存储"。

(6)关机:同时按下电源键和照明键即可关机。

## 五、模式操作

### (一)标准测量模式

仅用于测量标尺读数和仪器至标尺的距离,而不进行高程测量。

操作步骤:按[ENT]键,显示主菜单—选"1.测量",按[ENT]键—选"1.标准测量",按[ENT]键—显示"是否记录数据?",当测量参数内存模式设置为自动存储或手动存储时,按[ENT]键记录数据—输入作业(文件)名,按[ENT]键—瞄准标尺并清晰,按[MEAS]键测量,显示标尺读数和视距,多次测量则最后一次为平均值—显示点号,按[▲][▼]键可查阅点号,存储后点号会自动递增—按[ENT]键继续测量或按[ESC]键退出,任何过程中连续按[ESC]键可退回主菜单。

### (二)高程放样模式

根据后视点和放样点的高程进行放样。

操作步骤:按[ENT]键,显示主菜单—选"1.测量",按[ENT]键—选"2.放样测量",按[ENT]键—选"1.高程放样",按[ENT]键—输入后视点高程,按[ENT]键—输入放样点高程,按[ENT]键—瞄准后视点标尺并清晰,按[MEAS]键测量,显示后视标尺读数和视距,按[ENT]键—瞄准放样点标尺并清晰,按[MEAS]键测量,显示放样点标尺读数和视距,再显示放样点的高程和需填(-)、挖(+)值—按[ENT]键继续放样或按[ESC]键退出。

### (三)高差放样模式

根据后视点与放样点的高差进行放样。

操作步骤:按[ENT]键,显示主菜单—选"1.测量",按[ENT]键—选"2.放样测量",按[ENT]键—选"2.高差放样",按[ENT]键—输入后视点高程,按[ENT]键—输入后视点和放样点高差,按[ENT]键—瞄准后视点标尺并清晰,按[MEAS]键测量,显示后视标尺读数和视距,可按[MEAS]重复测量或按[ENT]继续,或按[ESC]键退出—瞄准放样点标尺并清晰,按[MEAS]键测量,显示放样点标尺读数和视距,再显示放样点的高程和需填( - )、挖( + )值—按[ENT]键继续放样或按[ESC]键退出。

**(四)视距放样模式**

根据仪器至放样点的视距进行放样。

操作步骤:按[ENT]键,显示主菜单—选"1. 测量",按[ENT]键—选"2. 放样测量",按[ENT]键—选"3. 视距放样",按[ENT]键—输入放样视距,按[ENT]键—瞄准放样点标尺并清晰,按[MEAS]键测量,显示视距和差值(" + "表示标尺应向仪器方向移," - "表示标尺应向前移),可按[MEAS]重复测量,或按[ENT]键继续视距放样或按[ESC]键重新输入放样视距退出。

**(五)线路测量模式**

用于测量中间点或前视点的高程,线路水准测量时"存储模式"必须设置为"自动存储"或"手动存储"。

操作步骤:按[ENT]键,显示主菜单—选"1. 测量",按[ENT]键—选"3. 线路测量",按[ENT]键—输入作业名,按[ENT]键—输入后视点号,按[ENT]键—显示是否"调用记录数据?",记录数据可以通过"数据管理"中的"输入点"来输入数据,如果不调用,可以手动输入后视点的高程,按[ENT]键—瞄准后视点标尺并清晰,按[MEAS]键测量,显示后视点标尺读数和视距,可按[MEAS]键重复测量或按[ENT]键选择测量下一点—[ > ][ < ]键选择测量前视点或中间点,输入中间点号,按[ENT]键—瞄准中间标尺并清晰,按[MEAS]键,显示中间标尺读数和视距,按[ > ][ < ]键选择测量前视点或中间点,输入前视点号,按[ENT]键—瞄准前视点标尺并清晰,按[MEAS]键,显示前视点标尺读数和视距—按[ENT]键继续测量或按[ESC]键退出。

后视点测量完毕,按[ ▲ ][ ▼ ],可显示后视点的测量数据、后视点的点号和高程。

中间点测量完毕,按[ ▲ ][ ▼ ],可显示中间点的测量数据、中间点的点号和高程。

前视点测量完毕,按[ ▲ ][ ▼ ],可显示前视点的测量数据、前视点的点号和高程、本站高差和总线路长。

注意:前视测量之前可更改前视点的点号,点号递增,已用过的点号可以再次使用。

**(六)高程高差模式**

用于根据后视点高程测量前视点的高程、高差。

操作步骤:按[ENT]键,显示主菜单—选"1. 测量",按[ENT]键—选"4. 高程高差",按[ENT]键—显示"是否记录数据?",按[ENT]键记录数据—输入作业(文件)名,按[ENT]键—如果该作业已存在且在原先作业内存储按[ENT]键,否则按[ESC]键,重新输入文件名—选择是否输入后视点高程? 按[ENT]键,输入后视点高程—瞄准后视标尺并清晰,按[MEAS]键测量,显示后视标尺读数和视距,可按[MEAS]键重复测量或按[ENT]键选择测量下一点—瞄准前视标尺并清晰,按[MEAS]键,显示前视标尺读数和视距及高程高差,按[ENT]键继续下一前视点测量—瞄准下一前视点标尺并清晰,按[MEAS]键,显示下一点前视标尺读数和视距及高程高差,按[ESC]键重新测量。

## 六、检校操作

仪器的圆水准器检校方法与一般 $S_3$ 型水准仪的圆水准器检校相同,此处检校模式主要用于仪器的视准线误差 $i$ 角的检校,其操作步骤为:如图 S20 所示,在相隔 50 m 的标尺 $a$、$b$ 中间设置 $A$、$B$ 两点,将 $ab$ 分为三等份。先在 $A$ 点设站,整平仪器,在主菜单屏幕上选择"2. 检校",按[ENT]键—按[MEAS]键,显示"检校模式:$a<——$ A $——$ b"—瞄准标尺 $a$,调焦后按[ENT]键,显示"Aa 标尺读数"—按[MEAS]键,显示"检校模式:$a —— A——>b$"—瞄准标尺 $b$,调焦后按[ENT]键,显示"Ab 标尺读数"—关机后移动仪器至 $B$ 点,按[MEAS]键,显示"检校模式:$a<—— B —— b$"—瞄准标尺 $a$,调焦后按[ENT]键,显示"Ba 标尺读数"—按[MEAS]键,显示"检校模式:$a —— B ——>b$"—瞄准标尺 $b$,调焦后按[ENT]键,显示"Bb 标尺读数"—按[▲][▼]键和[ENT]键,显示 $i$ 角差值—按[ENT]键,选择存储"校准值"—再按[ENT]键,选择"十字丝检校",显示"Bb 标尺应有校准值"—旋下目镜罩,用拨针旋动十字丝校正螺钉,使十字丝对应的读数和校准值一致,即校正完毕。

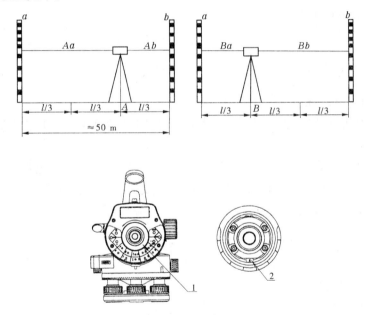

1—目镜罩;2—十字丝校正螺钉

**图 S20　视准线误差 $i$ 角的检校**

## 七、数据管理

按[ENT]键,显示主菜单—选"4. 数据管理",按[ENT]键—"1. 输入点":用于输入点号和高程,以便作为基准点调用;"2. 查找作业":用于按类型查找输入点、标准测量、线路测量、高程高差文件的内容;"3. 删除作业":用于按类型删除输入点、标准测量、线路测量、高程高差文件的内容;"4. 检查容量":用于检查仪器内存的使用情况;"5. 文件输出":用于按类型将输入点、标准测量、线路测量、高程高差文件通过 USB 接口发送给计算机。通信格式(波特率:9600,数据位:8,停止位:1,无检校)。根据文件类型,按下列规则自动加上扩展名:.L—线路测量文件;.M—标准测量文件;.H—高程高差文件;.T—输入点文件。

## 八、主要技术指标

高程测量精度(每千米往、返测中误差):电子读数 1.5 mm,光学读数 2.0 mm。

距离测量精度:电子读数 $D \leqslant 10$ m,10 mm;$D > 10$ m,$D \times 0.001$。

测程:电子读数 1.5~100 m。

最小显示:高差 1 mm/0.5 mm,距离 0.1 cm/1 cm。

测量时间:一般条件下小于 3 s。

望远镜:放大倍率 32 倍,视距乘常数 100,视距加常数 0。

补偿器:补偿范围 ±12′。

自动断电:5 min/OFF。

工作温度:-20~50 ℃。

## 九、测量注意事项

(1)仪器到标尺的距离不得短于 1.5 m。

(2)不要有树的枝叶遮挡标尺条码,若标尺处比目镜处灰暗,可用手稍许遮挡一下目镜。

(3)避免通过玻璃窗测量,注意标尺的直立,不要歪斜和俯仰,以免影响测量结果。

(4)长时间存放或长途运输后,测量前应注意仪器电子和光学的视准线(即 $i$ 角)误差检校和圆水准器的检校。

# 附录二 南方测绘 NTS-312 型全站仪使用简要说明

## 一、仪器部件

南方测绘全站仪各部件名称如图 S21 所示,显示窗和操作键如图 S22 所示。

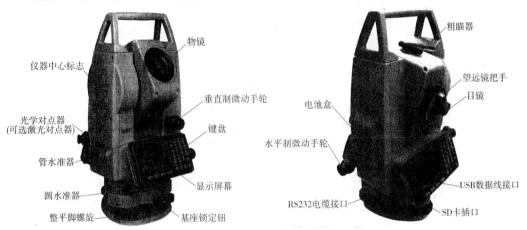

图 S21 南方测绘全站仪部件名称

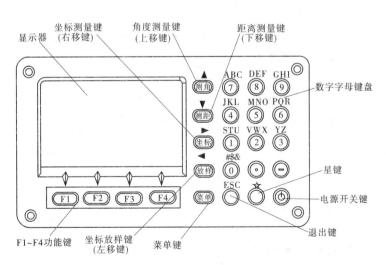

图 S22 显示窗和操作键

## 二、操作键

| 按键 | 名称 | 功能 |
|---|---|---|
| ANG | 角度测量键 | 进入角度测量模式 |
| ◢ | 距离测量键 | 进入距离测量模式 |
| ◿ | 坐标测量键 | 进入坐标测量模式（上移键） |
| S.O | 坐标放样键 | 进入坐标放样模式（下移键） |
| K1 | 快捷键1 | 用户自定义快捷键1（左移键） |
| K2 | 快捷键2 | 用户自定义快捷键2（右移键） |
| ESC | 退出键 | 返回上一级状态或返回测量模式 |
| ENT | 回车键 | 对所做操作进行确认 |
| M | 菜单键 | 进入菜单模式 |
| T | 转换键 | 测距模式转换 |
| ★ | 星键 | 进入星键模式或直接开启背景光 |
| ⏻ | 电源开关键 | 开关电源 |
| F1 ~ F4 | 软键（功能键） | 对应于显示的软键中文提示功能 |
| 0 ~ 9 | 数字字母键 | 输入数字或字母（仪高、镜高、坐标自动按数字输入；点名、编码自动按字母输入，按键1~3次依序输入不同字母） |
| — | 负号键 | 输入负号 |
| . | 点号键 | 开启或关闭激光指向功能，输入小数点 |

## 三、显示符号

| 显示符号 | 内容 |
|---|---|
| V | 垂直角（设置水平为0）或天顶距（设置天顶为0） |
| V% | 垂直角（坡度显示） |
| HR | 水平角（右角，即自起始方向顺时针增大的角） |
| HL | 水平角（左角，即自起始方向逆时针增大的角） |
| HD | 水平距离 |
| VD | 高差（仪器中心至棱镜中心） |
| SD | 倾斜距离 |
| N | 北向坐标（X） |
| E | 东向坐标（Y） |
| Z | 高程（H） |
| * | EDM（光电测距）正在进行 |
| m/ft | 米与英尺之间的转换 |

| 显示符号 | 内容 |
|---|---|
| m | 以米为单位 |
| S/A | 气象改正与棱镜常数设置 |
| PSM | 棱镜常数(以 mm 为单位) |
| (A)PPM | 大气改正值(A 为开启温度气压自动补偿功能,仅适用于 NTS—300R 系列) |

## 四、功能键

### (一)角度测量模式(ANG 键)

| 页数 | 软键 | 显示符号 | 功能 |
|---|---|---|---|
| 第1页<br>(P1) | F1 | 置零 | 水平角读数置为 0°00′00″ |
| | F2 | 锁定 | 水平角读数锁定 |
| | F3 | 置盘 | 通过键盘输入需要设置的水平角读数 |
| | F4 | P1↓ | 进入第 2 页软键功能 |
| 第2页<br>(P2) | F1 | 倾斜 | 设置倾斜改正开/关,若选择开则显示倾斜改正 |
| | F2 | …… | ………………………… |
| | F3 | V% | 垂直角显示的格式(垂直角/坡度)的切换 |
| | F4 | P2↓ | 进入第 3 页软键功能 |
| 第3页<br>(P3) | F1 | R/L | 水平角(右角/左角)模式的切换 |
| | F2 | …… | ………………………… |
| | F3 | 竖角 | 测量高度角(水平为 0)/天顶距(天顶为 0)的切换 |
| | F4 | P3↓ | 进入第 1 页软键功能 |

### (二)距离测量模式(▱键)

| 页数 | 软键 | 显示符号 | 功能 |
|---|---|---|---|
| 第1页<br>(P1) | F1 | 测量 | 启动测量 |
| | F2 | 模式 | 选择测距模式为单次精测/连续精测/连续跟踪 |
| | F3 | S/A | 设置温度、气压、棱镜常数等 |
| | F4 | P1↓ | 进入第 2 页软键功能 |
| 第2页<br>(P2) | F1 | 偏心 | 进入偏心测量模式 |
| | F2 | 放样 | 进入距离放样模式 |
| | F3 | m/ft | 单位为米/英尺的切换 |
| | F4 | P2↓ | 进入第 1 页软键功能 |

（三）坐标测量模式（⊿键）

| 页数 | 软键 | 显示符号 | 功能 |
|------|------|----------|------|
| 第 1 页<br>（P1） | F1 | 测量 | 启动测量 |
| | F2 | 模式 | 选择测距模式为单次精测/连续精测/连续跟踪 |
| | F3 | S/A | 设置温度、气压、棱镜常数等 |
| | F4 | P1↓ | 进入第 2 页软键功能 |
| 第 2 页<br>（P2） | F1 | 镜高 | 设置棱镜高度 |
| | F2 | 仪高 | 设置仪器高度 |
| | F3 | 测站 | 设置测站坐标 |
| | F4 | P2↓ | 进入第 3 页软键功能 |
| 第 3 页<br>（P3） | F1 | 偏心 | 进入偏心测量模式 |
| | F2 | 后视 | 设置后视方位角 |
| | F3 | m/ft | 单位为米/英尺的切换 |
| | F4 | P3↓ | 进入第 1 页软键功能 |

（四）坐标放样模式（[S.O]键）

| 页数 | 菜单 | | 功能 |
|------|------|------|------|
| 第 1 页<br>（1/2） | F1：输入测站点 | | 可以调用坐标文件中点的坐标，也可以直接由键盘输入点的坐标 |
| | F2：输入后视点 | | |
| | F3：输入放样点 | | |
| 第 2 页<br>（2/2） | F1：选择文件 | | 可以直接调用坐标文件，也可以通过查找文件再选用 |
| | F2：新点 | F1：极坐标法 | 测量一个新点作为测站点，用于放样 |
| | | F2：后方交会法 | |
| | F3：格网因子 | | 设置格网因子（用于坐标格网距离和地面距离的换算） |

## （五）菜单模式（〔M〕键）

| 一级菜单 | 二级菜单 | 三级菜单 | |
|---|---|---|---|
| | 1/2 页 | | |
| F1：数据采集 | （选择文件） | | |
| | 1/2 页 | | |
| | F1：输入测站点 | | |
| | F2：输入后视点 | | |
| | F3：测量 | | |
| | F4：选择文件（测量文件/坐标文件） | | |
| | 2/2 页 | | |
| | F1：输入编码 | | |
| | F2：设置 | F1：测距模式（精测/跟踪） | |
| | | F2：测距次数（单次/连续） | |
| | | F3：存储设置（是/否） | |
| | | F4：数据采集设置（先输测点/先测量） | |
| F2：测量程序 | 1/2 页 | | |
| | F1：悬高测量 | F1：输入镜高 | |
| | | F2：无需镜高 | |
| | F2：对边测量 | F1：MLM1〔A～B，A～C〕 | |
| | | F2：MLM2〔A～B，B～C〕 | |
| | F3：面积测量 | F1：文件数据 | |
| | | F2：测量 | |
| | F4：Z坐标测量 | F1：输入测站点 | |
| | | F2：基准点测量 | |
| F3：内存管理 | 1/3 页 | | |
| | F1：存储介质 | F1：FLASH（内存） | |
| | | F2：SD CARD（存储卡） | |
| | F2：内存状态（显示数据文件总数） | | |
| | F3：数据查阅 | F1：测量数据 | （先输入文件名，再查找） |
| | | F2：坐标数据 | |
| | | F3：编码库 | |
| | F4：文件维护 | （可进行文件改名或删除文件） | |
| | 2/3 页 | | |
| | F1：输入坐标 | （输入坐标文件名、点名、编码） | |
| | F2：删除坐标 | （输入坐标文件名、点名、删除） | |
| | F3：输入编码 | （对点的编码进行编辑） | |
| | 3/3 页 | | |
| | F1：数据传输 | F1：通过 RS－232 | F1：发送数据 |
| | | F2：通过 USB | F2：接收数据 |
| | | | F3：设置通信参数 |
| | F2：文件操作 | （通过 SD 卡将全站仪的 16 进制存储文件 ∗.PTS 与 PC 电脑的 ASIC 文件 ∗.TXT 互换） | |
| | F3：初始化（清零） | F1：文件数据 | （测站点坐标、仪高、棱镜高不会被删除） |
| | | F2：所有文件 | |
| | | F3：编码数据 | |

（左侧竖排：主菜单）

| 一级菜单 | 二级菜单 | 三级菜单 | |
|---|---|---|---|
| 主菜单 | F4:设置 | 1/2 页 | |
| | | F1:单位设置 | F1:角度(360°/400 密位) |
| | | | F2:温度(℃/°F) |
| | | | F3:气压(hPa/mmHg/inHg) |
| | | | F4:距离(m/ft) |
| | | F2:测量参数设置 | 1/2 页 |
| | | | F1:倾斜补偿(打开/关闭倾斜补偿) |
| | | | F2:折光改正(设置大气改正系数) |
| | | | F3:格网因子(设置高程/比例因子) |
| | | | F4:最小角度读数(1″/5″) |
| | | | 2/2 页 |
| | | | F1:垂直角读数(垂直 0/水平 0) |
| | | | F2:测程选择(0~2 km/0~5 km) |
| | | | F3:温度气压自动补偿(关/开) |
| | | F3:开机显示设置 | 测角模式/测距模式/坐标模式 |
| | | F4:快捷键设置 | K1/K2(可设置功能:1.悬高测量,2.对边测量,3.面积测量,4.Z 坐标测量,5.点到直线测量,6.道路测量,7.后方交会;8.无) |
| | | 2/2 页 | |
| | | 其他设置 | F1:自动关机(开/关) |
| | | | F2:电池类型选择(NB-36/NB-28) |
| | | | F3:恢复出厂设置(是/否) |
| | 2/2 页 | | |
| | 校正模式 | 1/2 页 | |
| | | F1:补偿器零点校正 | |
| | | F2:垂直角零基准 | |
| | | F3:仪器常数 | |
| | | F4:时间日期 | |
| | | 2/2 页 | |
| | | F1:液晶对比度设置 | |

文件识别符说明:

文件前缀识别符:"＊"为当前测量文件,"&"为当前坐标文件。

文件后缀识别符:".RAW"为测量数据文件,".PTS"为坐标数据文件,".HAL"为水平定线数据文件,".VCL"为垂直定线数据文件。

## 五、初始设置

### (一)设置温度和气压

预先测定测站周围的温度和气压—按▱键(距离测量键)—按[S/A]键进入气象改正设置—按[温度]键输入温度(精确至 0.1℃)、气压(精确至 0.1 hPa 或 0.1 mmHg)—按[ENT]键确认,仪器自动计算大气改正值 PPM。

**(二)直接设置大气改正值**

预先测定温度和气压,然后从大气改正图上或根据以下改正公式计算大气改正值 PPM

$$PPM = 273.8 - 0.290\ 0P/(1 + 0.003\ 66T)$$

式中:$P$ 为气压,hPa(毫巴),若使用单位为 mmHg,按 1 mmHg = 1.33 hPa 进行换算;$T$ 为温度,℃。

在距离测量模式或坐标测量模式下,按[F3](S/A)键,进入气象改正设置—按[PPM]键,输入大气改正值 PPM,按[ENT]键确认。

**(三)设置反射棱镜常数**

该全站仪棱镜常数出厂设置值为 - 30,若所用棱镜的常数不是 - 30,应重新设置(NTS - 312R 型全站仪若合作目标选择反射镜或无合作目标,则棱镜常数自动设置为 0):

在距离测量模式或坐标测量模式下,按[F3](S/A)键,进入气象改正设置—按[F1](棱镜)键,输入棱镜常数 PSM,按[ENT]键确认。

**(四)设置垂直角倾斜改正**

在角度测量模式下,进入第 2 页,按[F1](倾斜)键,进入倾斜补偿设置界面—按[F1]键打开倾斜补偿,即可对仪器整平误差引起的垂直角倾斜进行自动补偿。若屏幕显示"X 补偿超限"即表明仪器倾斜超出补偿范围,必须人工整平。

## 六、星键模式(按[★]键)

(1)对比度调节:按[▲][▼]键可以调节液晶显示对比度。

(2)照明:按[照明]键,开关背景光与望远镜照明。

(3)倾斜:按[倾斜]键选择开/关倾斜改正,再按[ENT]键确认。

(4)S/A:进入棱镜常数和温度气压设置界面。

(5)对点:如仪器带有激光对点功能,按该键,再按[F1]键或[F2]键选择激光对点器开/关。

说明:NTS - 312R 型全站仪按[★]键后,再按[F1](模式)键,可以在三种用于反射电磁波的"合作目标"中进行选择(若要开关背景光,只需再按[★]键):

F1:反射棱镜;

F2:反射片(用反射片代替反射棱镜);

F3:无合作(不用反射棱镜或反射片,激光束遇障碍物即可反射,但测距精度稍低)。

## 七、角度、距离、坐标及程序测量

**(一)开机与垂直角过零**

打开电源开关即开机(有的全站仪开机后显示"垂直角过零",需竖向轻转望远镜 1 ~ 2 圈,使竖盘指标线恢复零位)。

**(二)角度测量**

按[角度测量]键,进入测角模式,照准起始目标 $A$,按[F1](置零)键并确认,再照准目标 $B$,显示 HR 即为 $AB$ 的水平角(右角/左角);显示 V 即为目标 $B$ 的高度角(天顶距(自天顶方向始,顺时针旋转的角值)/垂直角(自水平方向始逆时针旋转的角值为 + ,顺时针旋转的角值为 - ))。

### (三)距离测量

按[距离测量]键,进入测距模式,照准目标棱镜中心,按[F1](测量)键,显示 HD 为水平距离,VD 为仪器中心至棱镜中心的高差;再按[距离测量]键,显示 SD 为倾斜距离。

### (四)在坐标测量模式测定新点坐标

按[坐标测量]键,进入坐标测量模式—按[F4]键进入第 2 页—按[镜高]键,输入新点棱镜高—按[仪高]键,输入测站仪器高—按[测站]键,输入测站点坐标 N、E、Z—进入第 3 页,按[后视]键,输入后视点点名—再按[坐标]键,输入后视点坐标值,回车,提示:"照准后视点?"—转动望远镜照准后视点—按[是]键,完成后视方位角的设置—照准新点棱镜—按[F1]键,测量—显示新点三维坐标。后视方位角的输入,也可以先在角度测量模式下,转动望远镜照准后视点—按[置盘]键,自键盘直接输入后视方位角,确认即可。

### (五)在放样模式下测定新点坐标

**1. 建立已知点坐标文件**

按[M]键,进入菜单模式—按[F3]键内存管理,进入 2/3 页—按[F1]键输入坐标—输新文件名或调用老文件,回车—输入点名、编码,再输入坐标,回车—进入下一点输入显示屏,继续下一点输入(点号自动加 1)—已知点坐标输入完毕,按[ESC]键结束。

**2. 在放样模式下设置测站点**

按坐标放样键[S.O]进入放样模式—选"F1:选择文件"—按[F2](调用)键(显示坐标文件,予以选择,回车)—按[F1],输入测站点—输入测站点名—显示该点坐标,OK?按[是]键(如果不调用已知点坐标文件,也可以在输入测站点名后,按[坐标]键,直接由键盘输入测站点坐标,回车确认)—输入仪器高,回车—按[ESC]键结束。

**3. 在放样模式下设置后视点**

按坐标放样键[S.O],进入放样模式—选"F1:选择文件"—按[F2](调用)键(显示坐标文件,予以选择,回车)—选"F2:输入后视点"—输入后视点名—显示该点坐标,OK?按[是]键—显示后视方位角(如果不调用已知点坐标文件,也可以在输入后视点名后,按[坐标]键,直接由键盘输入后视点坐标,回车确认;还可以在输入后视点名后,按[角度]键,直接在提示"HR:"后面,由键盘输入后视方位角)—照准后视点—>照准?按[是]键—结束。

**4. 极坐标法测定新点**

按坐标放样键[S.O],进入放样模式—按[P↓]键进入 2/2 页—按[F2](新点)—选"F1:极坐标法"—选择文件(输入保存新点的文件名,或调用坐标文件,回车)—输入新点点名、编码,回车—输入棱镜高,回车—照准新点—按[F1](测量)键—记录?按[是]键,新点坐标存入坐标数据文件,继续下一个新点的点名、编码输入和测量—测量完毕,按[ESC]键结束。

**5. 后方交会法测定新点**

按坐标放样键[S.O],进入放样模式—按[P↓]键进入 2/2 页—按[F2](新点)—选"F2:后方交会法"—选择文件(输入已知点坐标文件名,或调用坐标文件,回车)—输入新点点名、编码,回车—选"F1:距离后方交会"—输入仪高,回车—输入 1 号已知点点名,回车,显示该点坐标,>OK?按[是]键—输入镜高,回车—照准 1 号已知点—按[F1](测量)键—输入 2 号已知点点名,回车,输入镜高,回车—再对 2 号已知点进行照准、测量,显示残差(已知点间的距离差和由两已知点算得的新点之 Z 坐标差)—按[F1](下步)键—继续对其他已知点进行输入、照准、测量,最多可达 7 个已知点—按[F4](计算)键,显示新点坐标—记录? 按[是]键,新点坐标存入文件,并将所计算的新点坐标作为新的测站点坐标—按[ESC]键结束。

### (六)程序测量

#### 1. 悬高测量

(1)有棱镜高输入形式:按[M]键进入菜单模式—选"F2:测量程序"—"F1:悬高测量"—选"F1:输入镜高",输入镜高,回车—照准棱镜—按[F1](测量)键,显示水平距离 HD—按[F4](设置)键,确认棱镜位置—照准目标点 K,显示高度 VD—按[ESC]键结束。

(2)无棱镜高输入形式:按[M]键进入菜单模式—选"F2:测量程序"—选"F1:悬高测量"—选"F2:无需镜高",回车—转动望远镜照准棱镜—按[F1](测量)键,显示水平距离 HD—按[F4](设置)键,确认水平距离,显示垂直角 V—照准地面点—按[F4](设置)键,确定棱镜位置—照准目标点 K,显示高差 VD—按[ESC]键结束。

#### 2. 对边测量

1)辐射式(A—B,A—C,A—D)

直接照准棱镜测量形式:按[M]键进入菜单模式—选"F2:测量程序"—选"F2:对边测量"—输入文件名,按[跳过]键不输入—选"F1:MLM1[A—B,A—C]"(辐射式)—照准棱镜 A—按[F1](测量)键,显示仪器至棱镜 A 的平距 HD—按[F4](设置)键,确定棱镜位置—照准棱镜 B—按[F1](测量)键,显示仪器至棱镜 B 的平距 HD—按[F4](设置)键,显示棱镜 A—B 之间的方位角(HR)、平距(dHD)、高差(dVD)、斜距(dSD)—按[F4](下点)键—照准棱镜 C—按[F1](测量)键,显示仪器至棱镜 C 的平距 HD—按[F4](设置)键,显示棱镜 A—C 之间的方位角(HR)、平距(dHD)、高差(dVD)、斜距(dSD)—按[F4](下点)键—照准棱镜 D(重复上述测量步骤和显示测量结果)—按[ESC]键返回。

使用数据文件计算形式:按[M]键进入菜单模式—选"F2:测量程序"—选"F2:对边测量"—输入文件名,回车—选"F1:MLM1[A—B,A—C]"(辐射式)—按[F3](坐标)键—输入 A 点点名(或再按[F4](坐标)键,直接输入 A 点坐标),回车—按[F3](坐标)键—输入 B 点点名(或再按[F4](坐标)键,直接输入 B 点坐标),回车—显示棱镜 A—B 之间的方位角(HR)、平距(dHD)、高差(dVD)、斜距(dSD)—按[F4](下点)—照准棱镜 C—按[F1](测量),显示仪器至棱镜 C 的平距 HD—按[F4](设置),显示棱镜 A—C 之间的方位角(HR)、平距(dHD)、高差(dVD)、斜距(dSD)—按[F4](下点)键照准棱镜 D(重复上述步骤和显示计算结果)—按[ESC]键返回。

2)连续式(A—B,B—C,C—D)

在选"F2:MLM2[A—B,B—C]"后,测量或计算步骤与上述辐射式完全相同。

#### 3. 面积测量

直接测量形式:按[M]键进入菜单模式—选"F2:测量程序"—选"F3:面积测量"—选"F2:测量"—照准 1 号点棱镜—按[F2](测量)键—[确认]键—继续下一点的照准、测量,测三个点以上即显示相应点所包围的面积。

使用数据文件计算形式:按[M]键进入菜单模式—选"F2:测量程序"—选"F3:面积

测量"—选"F1：文件数据"—输入文件名，回车—显示文件中的第 1 点点名—按［F4］（下点）键，（或按［输入］键，另输入所需要的点号；或按［调用］键，显示文件中的数据表，供调用）第 1 点被设置—显示第 2 点点名—重复按［F4］（下点）键，设置所需要的点号，当设置 3 个点以上时，即显示相应点所包围的面积。

## 八、施工放样

### （一）在测角模式下测设水平角

按［角度测量］键，进入角度测量模式—仪器照准后视点，按［置零］键，将平盘读数置零—转动照准部使其显示的水平角为设计角值 $\beta$—将棱镜杆准确地竖立在望远镜视线上，即得所需要测设的 $\beta$ 角。

### （二）在测距模式下测设距离

按［距离测量］键，进入距离测量模式—按［P1↓］键进入第 2 页—按［放样］键—按［F2］（平距）键，或［高差］键，或［斜距］键，分别选择"平距 HD"、"高差 VD"、"斜距 SD"作为放样数据—输入放样距离，回车—照准目标棱镜—按［F1］（测量）键—显示 dSD =（测量距离 – 设计距离）—移动棱镜杆，再照准棱镜、测量，直到显示的 dSD = 0—在地面标定该点位置，即得所需要测设的水平距离。

### （三）在放样模式下进行坐标放样

1. 建立已知点和放样点坐标文件（用于设置测站点、后视点和调入放样点的坐标）

按［M］键进入菜单模式—按［F3］（内存管理），进入 2/3 页—按［F1］（输入坐标）—输入新的坐标文件名或调用老文件，回车—输入点名、编码，再输入坐标，回车—继续下一点输入—输入完毕按［ESC］键结束。

2. 设置测站点

按坐标放样键［S. O］，进入坐标放样菜单第 2/2 页—选"F1：选择文件"，可直接输入坐标文件名，也可按［调用］，显示坐标文件，供选择，回车—进入坐标放样菜单第 1/2 页—选"F1：输入测站点"—输入测站点名—显示该点坐标，OK？按［是］键（说明：如果不用坐标文件，也可以在输入测站点时按［坐标］键，直接由键盘输入测站点的坐标，回车）—进入"输入仪高"界面，输入仪器高，回车—返回坐标放样菜单第 1/2 页。

3. 设置后视点

进入坐标放样菜单第 1/2 页—选"F2：输入后视点"—输入后视点名—显示该点坐标，OK？按［是］键—仪器自动计算并显示后视方位角—照准后视点—＞照准？按［是］键—返回坐标放样菜单第 1/2 页。（说明：如果不用坐标文件，可以在输入后视点时按［坐标］键，直接由键盘输入后视点的坐标，回车，或者在测角模式下，先照准后视点，按［置盘］键，直接由键盘输入角度，使 HR = 后视方位角，再按［S. O］键，回到坐标放样菜单第 1/2 页）

4. 实施放样

进入坐标放样菜单第 1/2 页—选"F3：输入放样点"—输入放样点名，回车—输入棱镜高，回车—显示计算的放样点方位角 HR 和水平距离 HD—照准棱镜—按［F4］（继续）键—显示 dHR = 实测方位角 – 应有方位角—左右移动棱镜杆并再照准，直至 dHR = 0°00′00″—再次照准棱镜—按［F2］（距离）键—显示 dHD = 实测水平距离 – 应有水平距离，

dZ ＝ 实测高差－应有高差—移动并照准棱镜—按[F1](测量)键,直至dHR＝0°00′00″,dHD＝0,dZ＝0—按[F3](坐标)键,显示该点坐标,用于检核—按[F4](换点)键,进入下一点的放样—按[ESC]键结束。(说明:如果不用坐标文件,也可以在输入放样点时按[坐标]键,直接由键盘输入放样点的坐标,回车)

## 九、数据采集

### (一)数据采集文件和坐标文件的选择

按[M]键进入菜单模式—选"F1:数据采集"—输入文件名创建一个测量数据的采集文件,或再按[F2](调用)键,通过查找调用一个测量数据文件(. RAW 文件),如需调用坐标文件,则在选"F1:数据采集"后,按[ENT](回车)—再在数据采集菜单第1/2页按[F4]键选择坐标文件—输入文件名,创建一个坐标文件或再按[F2](调用)键,调用一个坐标文件(. PTS 文件)。

### (二)设置测站点、后视点

进入数据采集菜单第1/2页后,调用坐标数据文件的方法与上述"在放样模式下测定新点坐标"相同,按[F1](输入测站点)—输入测站点名—显示测站点已知坐标,按[ENT]键确认—输入测站点编码、仪高—按[F4](记录)键—按[是]键,返回数据采集菜单—按[F2](输入后视点)—输入后视点名—按[F4](确认)键—输入后视点编码、镜高—按[测量]键—照准后视点—选择测量模式,如选择[坐标]键,进行测量—按[是]键,记录数据,返回数据采集菜单第1/2页。在数据采集中,测量文件存入的测站数据有点号、标识符和仪器高;而坐标文件中仅存入测站的坐标,若在内存中找不到指定的点,则显示"点名错误"。

### (三)进行待测点测量,并存储数据

进入数据采集菜单第1/2页后,按[F3](测量)键进入待测点测量—按[F1]键,输入待测点点名、编码、棱镜高,按[ENT]键确认—按[F3](测量)键—照准目标点—选择测量模式,如选择[坐标]键,开始测量—按[F4](记录)键,数据被存储—进入下一个待测点的数据输入、照准—按[同前]键与上一点相同的方法进行测量和数据存储—所有待测点测量完毕,按[ESC]键结束数据采集。

### (四)数据采集参数设置

在数据采集模式下可以进行测距模式、测量次数、存储设置及数据采集设置等参数设置(见主菜单"数据采集"之三级菜单)。

## 十、数据通信

首先检查通信电缆连接是否正确,微机与全站仪的通信参数设置是否一致。

按[M]键进入菜单模式—选[F3](内存管理)—进入 3/3 页,选[F1](数据传输)—选择数据传输方式:"F1:通过 RS－232"/"F2:通过 USB"—之后执行以下操作。

### (一)发送数据

选"F1:发送数据"—选择发送数据类型—"F1:测量数据"/"F2:坐标数据"—输入待发送文件名,按[ENT]键确认—按[F4](是)键,发送数据;按[F4](停止)键,可取消发送。

### (二)接收数据

选"F2:接收数据"—选择接收数据类型—"F1:坐标数据"/"F2:编码数据"/"F3:水平定线数据"/"F4:垂直定线数据"—输入待接收新文件名,按[ENT]键确认—按[F4](是)键,接收数据;按[F4](停止)键,可取消接收。

### (三)通信参数设置

选"F3:通信参数"—设置通信参数:

F1 波特率,增、减选择项有 1200、2400、4800、9600、19200、38400、57600、115200;

F2 字符校验,选择项有:F1:7 位偶校验,F2:7 位奇校验,F3:8 位无校验;

F3 通信协议,选择项有:F1:有应答,F2:无应答。

按[ESC]键取消设置,关机后设置被保存。

## 十一、文件操作

### (一)将文件从 SD 卡导入当前工作内存

按[M]键进入菜单模式—选[F3](内存管理)—进入 3/3 页,选"F2:文件操作"—选"F1:SD 卡→工作内存"—选择 SD 卡上的一个文件(.TXT),按[ENT]键确认—选择"导入文件类型"("F1:坐标文件"/"F2:水平定线文件"/"F3:垂直定线文件")—输入导入文件名,按[ENT]键确认—进行文件转换—完成后返回文件操作界面。

### (二)将文件从当前工作内存导入 SD 卡

按[M]键进入菜单模式—按[F3](内存管理)—进入 3/3 页,选"F2:文件操作"—选"F2:工作内存→SD 卡"—选择内存"输出文件类型"("F1:*.DAT"/"F2:*.TXT")—输入导入文件名,按[ENT]键确认—进行文件转换—完成后返回文件操作界面。

## 十二、数据初始化(清零)

按[M]键进入菜单模式—按[F3](内存管理)—进入 3/3 页,选"F3:初始化"—选择待初始化的"数据类型"("F1:文件数据"/"F2:所有文件"/"F3:编码数据")—按[F4](是)键进行初始化(测站点坐标、仪器高、棱镜高不会被初始化)。

## 十三、主要技术指标

角度测量精度:2″级。

距离测量精度:$\pm(3 + 2 \times 10^{-6} \times D)$ mm。

测程:单棱镜 1.8 km,三棱镜 2.6 km。

连续测量时间:5 ~ 6 h。

望远镜:放大倍率 30 倍,视距乘常数 100,视距加常数 0。

补偿器:补偿范围 ±3′。

工作温度: -20 ~ +45 ℃。

# 附录三　博飞 BTS-800 型全站仪使用简要说明

## 一、仪器部件

博飞全站仪各部件名称如图 S23 所示,操作键如图 S24 所示。

提把
粗瞄准器
望远镜目镜
仪器中心标志
望远镜调焦环
光学对点器
操作面板
三角基座
三角基座制动控制杆
底板

提把固定螺丝
物镜
电池
垂直制微动手轮
长水准器
数据通信插口
水平制微动手轮
脚螺旋

**图 S23　博飞全站仪部件**

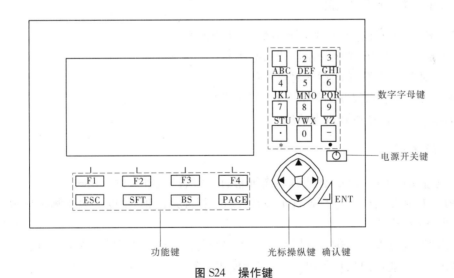

数字字母键
电源开关键
功能键　　光标操纵键　确认键

**图 S24　操作键**

## 二、键盘

(1)电源开关键:按[○]开机;长按[○]超过 2 s,关机。

(2)功能键:

［F1］~［F4］选取对应的功能,具体功能随模式不同而改变。

［ESC］取消输入或返回上一状态。

［SFT］功能切换,用于键盘数字与字母输入切换及进入快捷键功能。

［BS］删除光标左侧的一个字符。

［PAGE］翻页键。

［⏎］回车确认键。

(3)光标操纵键:▲▼ ◄►上下左右移动光标。

(4)字母数字键:［0］~［9］,输入字母时,先按［SFT］切换输入状态,然后输入按键上方对应的字母,按 1 次输入第一字母,按 2 次输入第二字母,按 3 次输入第三字母。［.］、［－］分别为小数点和负号。

## 三、开机

按下开关键,显示状态模式,旋转望远镜设置垂直角零位,按［测量］键进入测量模式。

## 四、测量模式下显示符号

PC—棱镜常数;PPM—气象改正数;S—斜距;H—平距;V—高差;ZA—天顶距;VA—垂直角(按［A/%］键可切换为 % 坡度显示形式);HAR—右角(顺时针增加);HAL—左角(逆时针增加)(按［左右］键,可使左角和右角切换);N—相当于 X 坐标;E—相当于 Y 坐标;Z—相当于高程 H;Hah—水平角锁定。

## 五、星键(［★］)功能

按［SFT］+［★］进入星键功能界面,其功能包括:

［F1］照明—打开/关闭显示器背景照明光;

［F2］对点—打开/关闭激光对点器;

［F3］补偿—显示仪器倾斜值及开/关补偿器;

［F4］内存—快速查看内存状况。

## 六、设置模式

在测量模式下按［ESC］键进入状态屏幕,按［设置］键进入设置模式:

选取"1.观测条件",进行垂直角、倾斜改正、视准差改正、角度读数及测距显示(平距H 或斜距S)等设置。

选取"2.仪器设置",进行仪器自动关机、测距待机、通信参数(波特率)等设置。

选取"3.功能定制",仪器出厂时,测量模式下各页菜单功能键位定义为:

第 1 页:［测距］ ［切换］ ［置角］ ［改正］

第 2 页:［置零］ ［坐标］ ［放样］ ［记录］

第 3 页:［对边］ ［后交］ ［菜单］ ［高程］

除上述功能外,可以在测量模式下各页菜单功能键位定义的功能还有:

［锁定］——水平角锁定/解锁;　　　　　　［左右］——左/右水平角切换;

〔A/%〕——%坡度显示; 〔角复〕——水平角重复测量;

〔查阅〕——查阅当前工作文件; 〔直线〕——直线放样测量;

〔偏心〕——偏心测量; 〔FT/M〕——测距单位选择(英尺/米);

〔面积〕——面积测量; 〔悬高〕——悬高测量;

〔通讯〕——进入双向通信模式; 〔输出〕——从数据通信口实时输出观测值。

用户可根据测量工作的需要,在设置模式下选"3.功能定制"进入键功能菜单:

"1.键功能定义"——选取上述某个键功能,对其重新进行定义;

"2.键功能保存"——指定重新定义功能键的保存位置,确认;

"3.键功能恢复"——恢复出厂时定义的各页菜单键位的原功能;

"4.单位设置"——进行角度、测距、温度、气压等单位设置。

### 七、角度测量

(1)两点之间的角度测量:照准起始目标 A—进入测量模式第 2 页,按〔置零〕键,将起始方向值设置为 0,再照准目标 B,显示 HAR 即为 AB 的水平角。

(2)将起始方向设置成所需方向值:照准起始目标 A—进入测量模式第 1 页,按〔置角〕键,输入已知方向值,按〔回车〕键,再照准目标 B,显示 HAR 即为 B 目标的水平方向值(右角)。

注意,角度输入规则:度值和分秒之间以"."间隔即可。

说明:在按〔置角〕键后,也可不输入已知方向值,而按〔定向〕键,输入后视点坐标,自动计算并设置后视(即起始)方位角。

(3)利用水平角锁定功能将照准方向设置为所需方向值:首先进入设置模式,按"3.功能定制",定义〔锁定〕键。再用水平制动和微动螺旋使显示的 HAR=所需的方向值,按〔锁定〕键,在〔锁定〕键闪动时,再次按下该键,水平方向显示为 Hah,并被锁定,然后照准目标,再按〔锁定〕键,即将照准方向设为所需方向值,同时解锁。

### 八、距离测量

(1)距离测量设置:进入测量模式第 1 页,按〔改正〕键,进入测距参数设置,包括:"测距模式"设置:按光标操纵键〔▶〕,可选择"单次精测"、"重复精测"或"跟踪测量"等;此外,在该页还可进行"折光改正"设置、"棱镜常数"设置;按〔PAGE〕键至下 1 页进行"温度"、"气压"及"气象改正值"设置,按〔确定〕键退出。

(2)回光信号检测:按〔SFT〕键+〔-〕键进入测距回光信号检测,可用于精确照准目标。

(3)同时进行角度和距离测量:照准目标棱镜—在测量模式第 1 页按〔测距〕键,显示 H(平距)、ZA(垂直角)、HAR(水平方向)—按〔切换〕键,可显示 S(斜距)、H(平距)、V(高差)。

### 九、坐标测量

进入测量模式第 2 页,按〔坐标〕键显示坐标测量菜单(也可以在菜单模式下选取"1.坐标测量"):

（1）设置测站—选"2.测站设置"，可直接由键盘输入测站坐标，若需调用内存工作文件中的坐标，可按［查找］键，显示内存中的文件，再按［文件］键可另选其他数据文件调入，输入已知的测站点点号，按［确定］键，返回上一级菜单。

（2）设置后视方位角—选"3.置方位角"，可直接由键盘输入后视方位角，也可按［定向］键，输入后视点坐标，自动计算并设置方位角，若需调用内存工作文件中的坐标，可按［查找］键，显示内存中的文件，按［测站］输入后视点名，按［确定］键，屏幕显示后视方位角值，然后按提示照准后视点，按［确定］键。

（3）输入仪器高及棱镜高—选"4.仪器棱镜高"，输入棱镜高和仪器高，按［确定］键。

（4）测定目标点三维坐标—选"1.坐标测量"，若目标点的棱镜高不同，先按［高程］键输入棱镜高，按［改正］键可更改测距条件设置，然后照准棱镜中心，按［测量］键即显示目标点的三维坐标，按［记录］键可记录测量成果，再照准下一目标点按［测量］键，依次完成所有目标点的坐标测量，按［ESC］键结束，返回坐标测量菜单。

## 十、后方交会测量

进入测量模式第3页，按［后交］键（也可以在菜单模式下选"3.后方交会"）—输入已知点1坐标—照准已知点1棱镜—按［测量］键—输入已知点1棱镜高，按［确定］键—继续已知点2的坐标输入及测量—显示已知点列表—按［加点］键增加已知点（按顺时针顺序，最多可测量10个已知点），按［重测］键重新测量光标所指示的已知点，按［取舍］键舍弃光标所指示的已知点—按［计算］键计算交会点坐标并显示计算结果—按［记录］键结果存储于内存中—按［误差］键显示计算结果的标准差—按［确定］键将交会点坐标设置为测站坐标，并提示测站点到已知点1的方位角—照准已知点1—按［确定］键，将测站点到已知点1方位角设置为起始方位角—按［取消］键不设置该方位角，返回测量模式。

在输入已知点时，若需调用内存工作文件中的坐标，可按［查找］键，显示内存中的文件，通过查阅，输入已知点点号，按［确定］键即可。

## 十一、放样测量

### （一）角度和距离放样

照准起始方向—进入测量模式第2页，按［置零］键（在［置零］键闪动时再次按下该键，即将起始方向设置为0）—在测量模式第2页按［放样］键，进入放样测量模式（也可在菜单模式下选取"2.放样测量"）；—选取"1.放样数据"—输入放样的水平距离（Hm）和角度（HA），按［确定］键，显示：目标与待放样点的平距差值 dH 和水平角差值 dHA—按［引导］键、［差值］键，然后转动望远镜使屏幕第二行显示的角差 dHA 为0。

在望远镜照准方向上安置棱镜并照准—按［测量］键，进入距离放样测量—显示距离实测值和放样值的差值—按［改正］键可重新选择测距模式及距离改正值—指挥立镜员前后移动棱镜，再次照准棱镜—按［测量］键，直至显示的距离差值 dH = 0—按［差值］键显示放样后实测点位与目标点位的差值 dH 与 dHA—按［ESC］键返回放样测量菜单。

### （二）坐标放样

进入测量模式第2页按［放样］键，进入放样测量模式（也可在菜单模式选取"2.放样测量"进入坐标放样)—选取"3. 测站设置",输入测站数据—选取"4. 方位角",完成后视方向定向(方法与坐标测量设置后视方位角相同)—选取"5. 仪器棱镜高",输入仪器高和棱镜高—选取"1. 放样数据",按回车,进入放样数据输入—按[坐标]键,进入放样坐标输入,输入待放样点的三维坐标 Np = Xp、Ep = Yp、Zp = Hp,若需调用内存工作文件中的坐标,可按[查找]键,显示内存中的文件,再按[文件]键可另选其他数据文件调入,输入待放样点的点号,回车(按[距离]键可切换到距离放样模式,按[记录]键可将输入的数据记录到内存中)—按[确定]键显示放样所需水平距离和水平角—按[高程]键可重新输入棱镜高及仪器高,按[确定]键进入放样观测,按[引导]键,显示:目标与待放样点的平距差值 dH、水平角差值 dHA 及高差差值 dZ,然后转动望远镜使屏幕第二行显示的角差 dHA为 0—在望远镜照准方向上安置棱镜并照准—按[测量]键,进入距离放样测量—显示距离差值及高差差值—指挥立镜员前后上下移动棱镜,再次照准棱镜按[测量]键,直至显示的距离差值 dH = 0、高差差值 dZ = 0—按[差值]键显示放样后实测点位与目标点位的差值 dH、dHA 及 dZ—按[ESC]键返回放样测量菜单。

## 十二、悬高测量

首先进入设置模式,按"3. 功能定制",定义[悬高]键—将棱镜架设在待测物体的正上方或正下方,量取棱镜高,然后进入测量模式第 3 页—按[高程]键输入棱镜高、仪器高—按[确定]键,返回测量模式第 1 页—照准棱镜—按[测距]键显示距离、天顶距和方向角—按[悬高]键(也可以在菜单模式下选取"5. 悬高测量")—显示地面点至待测物体的高度 Ht(转动望远镜跟踪转动的棱镜,可以显示变化的悬高值 Ht)—如需重新对棱镜进行测量,按[测距]键;如需重新输入棱镜高,按[高程]键;如需恢复悬高测量,按[悬高]键—按[ESC]键结束,返回测量模式。

## 十三、对边测量

### (一)辐射式(A—B、A—C、A—D)

进入测量模式第 1 页,照准起始点 P1 棱镜,按[测距]键显示 P1 点的测量数据—进入测量模式第 3 页,按[对边]键(也可以在菜单模式下选取"4. 对边测量")—照准目标点 P2,按[终点]键对该点进行测量,显示 Sop(目标点与起始点之间斜距)(按[坡度]键显示目标点与起始点之间的坡度,按[斜距]键恢复显示斜距);Hop(目标点与起始点之间的平距);Vop(目标点与起始点之间的高差)—照准下一目标点,按[终点]键用同样方法可测量同一起始点和多个目标点之间的斜距、平距、高差—照准起始点,按[起点]键可对起始点重新测量—测完某目标点后,按[移动]键和[确定]键可将该点设为后面测量的新起始点。

### (二)连续式(A—B、B—C、C—D)

在测量起始点后,每测量一个目标点,即按[移动]键和[确定]键将该点设为后面测量的新起始点,测量所得即为一个起始点和一个目标点之间的斜距、平距和高差。

## 十四、面积测量

首先进入设置模式,按"3. 功能定制",定义[面积]键(也可以在菜单模式下选取

"6. 面积测量")—照准边界点1,按[测量]键(也可按[查找]键调用内存中的已知点坐标或直接由键盘输入坐标),按[确定]键—按[加点]键进入下一边界点测量—按[坐标]键重新测量或输入边界点坐标,按[取舍]键舍弃光标所指边界点,再按一次恢复选取—按[计算]键计算并显示图形面积和周长—按[ESC]键结束。构成闭合图形边界点数为3～30个,各点均按顺时针或逆时针排列。

## 十五、内存模式

在状态模式下按[内存]键显示内存模式菜单,进行内存与工作文件中的数据操作。

### (一)工作文件管理

内存模式菜单之"1. 工作文件",显示内存工作文件列表—光标选取需要操作的文件(文件名前显示"＊"号)—按[回车]键,进入工作文件管理菜单—按[切换]键,再按[▲][▼]键按页移动光标;按[第一]键光标移至文件列表开始处;按[最后]键光标移至文件列表最后处;按[查找]键输入待查找的文件名查找文件;按[ESC]键返回内存管理模式。

选取文件后按[回车]键,显示工作文件管理菜单:

"1. 查阅",显示该文件内数据记录列表,列表内容包括记录类型及记录名,记录类型分为:Ang. 角度数据,Crd. 坐标数据,Stn. 测站数据,Dist. 距离数据。

移动光标至待查阅记录,按[回车]键显示记录内容,按[向前]键查阅上一记录,按[向后]键查阅下一记录,按[删除]键删除该记录(按[确认]键即删除,按[取消]键不删除),按[PAGE]键查看下一页记录。

"2. 输出",用于向电脑输出文件。

"3. 改名",用于更改工作文件名。

"4. 删除",用于删除工作文件。

### (二)输入已知点坐标

已知点坐标可以事先存入内存,以便作为测量时的测站点、后视点或坐标放样时使用。

(1)由键盘输入已知点坐标。选取内存模式菜单"2.已知点"之:"1. 输入新点",按屏幕提示,依次输入点的坐标和点号—按[保存]键,并按同样方法输入所有已知点坐标—按[ESC]键结束输入。

(2)由计算机输入已知点坐标。在计算机上运行博飞通信软件,编辑好坐标数据—按[通讯]键、[发送]键,设置通信参数,按[确定]键—选取内存模式菜单"2.已知点"之:

"2.通讯输入",接收来自计算机的坐标数据;

"3.列表查阅",查阅并可删除内存已知点数据;

"4.全部删除",删除内存全部已知点数据。

## 十六、记录模式

### (一)记录距离测量数据

记录距离测量数据包括斜距、垂直角、水平角、点号、特征码和目标高。进入测量模式第2页,按[记录]键,进入记录模式—照准目标,按[测量]键显示目标(前带"＊"号)的距离测量数据—按[记录]键记录带有"＊"号的测量数据—按[文件]键选取记录数据的工作文件名—按[列表]键从内存文件列表中选取文件,若内存中无该文件,则输入新文件名,输入该目标的点号、特征码和棱镜高存入该文件—按[查阅]键查阅当前文件中记录的数据—按[确定]键记录数据—按[自动]键测距并自动记录数据,点号自动加1,特征码保持不变,完成记录后显示2 s,返回按[自动]键前的屏幕。

### (二)记录角度测量数据

记录角度测量数据包括垂直角、水平角、点号、特征码和目标高,进入测量模式第2页,按[记录]键,进入记录模式—按[模式]键转换为角度数据模式—按[置零]键将起始方向值置零—照准目标,按[测量]键显示目标(前带"＊"号)的角度测量数据—按[记录]键记录带有"＊"号的测量数据—按[文件]键选取记录数据的工作文件名—按[列表]键从内存文件列表中选取文件,若内存中无该文件,则输入新文件名,输入该目标的点号、特征码和棱镜高存入该文件—按[查阅]键查阅当前文件中记录的数据—按[确定]键记录数据—按[自动]键测距并自动记录数据,点号自动加1,特征码保持不变。

### (三)记录坐标测量数据

记录坐标测量数据包括坐标值、点号、特征码和目标高,进入测量模式第2页,按[记录]键,进入记录模式—按[模式]键2次,转换为坐标数据模式—照准目标,按[测量]键显示目标(前带"＊"号)的坐标测量数据—按[记录]键记录带有"＊"号的测量数据—按[文件]键选取记录数据的工作文件名—按[列表]键从内存文件列表中选取文件,若内存中无该文件,则输入新文件名,输入该目标的点号、特征码和棱镜高存入该文件—按[查阅]键查阅当前文件中记录的数据—按[确定]键记录数据—按[自动]键测距并自动记录数据,点号自动加1,特征码保持不变。

## 十七、主要技术指标

角度测量精度:2″级。

距离测量精度:$\pm(3 + 2 \times 10^{-6} \times D)$mm。

测程:单棱镜1.3 km,三棱镜2.0 km。

连续测量时间:5～6 h。

望远镜:放大倍率30倍,视距乘常数100,视距加常数0。

补偿器:补偿范围±3′。

工作温度:−20～+55 ℃。

# 附录四  单一导线近似计算的 Visual Basic 程序

## 一、数据输入窗口(用户界面)设计

数据输入窗口(用户界面)设计见图 S25。

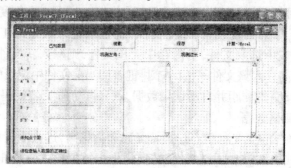

**图 S25  数据输入窗口(用户界面)设计**

## 二、数据输入窗口控件及其标题、名称属性和作用设计说明

| 对象 | 标题 | Caption(名称) | 作用 | 说明 |
|---|---|---|---|---|
| 窗体 | Form1 | 单一导线数据输入 | 用户输入界面 | |
| 标签 | Label1 | 已知数据 | | |
| | Label2 | 观测左角 | | |
| | Label3 | 观测边长 | | |
| | Label4 | $A$(点)$x$ | | |
| | Label5 | $A$(点)$y$ | | |
| | Label6 | $A' \sim A$(方位角)角 $a$ | | |
| | Label7 | $B$(点)$x$ | | |
| | Label8 | $B$(点)$y$ | | |
| | Label9 | $B \sim B'$(方位角)角 $a$ | | |
| | Label10 | 未知点个数 | | |
| | Label11 | 请检查输入数据正确性 | | |
| 文本框 | Text1 ~ Text6 | | 输入已知数据 | 单行左对齐输入 |
| | TDS | | 输入未知点个数 | 单行左对齐输入 |
| | TSS | | 输入观测左角 | 多行左对齐输入 |
| | TBB | | 输入边长 | 多行左对齐输入 |
| 命令 | Command1 | 装载 | 将数据装入数组 | |
| | Command2 | 保存 | 将数据存入文件 | |
| | Command3 | 计算 – > Excel | 计算并送 Excel | |

# 三、程序代码

```
Dim gsl As String, gs2 As String
Const pi As Double = 3.1415926535
Private Sub Form_Load()
celgs1 = "0.###": gs2 = "0.#####"
End Sub
Private Sub Command2_Click()
ff$ = "C:\Documents and Settings\AdminisTrator\桌面\DD.txt"
n1 = FreeFile: Open ff For Output As #n1
Print #n1, tDS.Text
Print #n1, Text1(0).Text; ",";
Print #n1, Text1(1).Text; ",";
Print #n1, Text1(2).Text
Print #n1, Text1(3).Text; ",";
Print #n1, Text1(4).Text; ",";
Print #n1, Text1(5).Text
s1 = Replace(tBB.Text, " ", "")
s1 = Replace(s1, vbCrLf, " ")
s1 = Replace(Trim$(s1), " ", ",")
Print #n1, s1
s1 = Replace(tSS.Text, " ", "")
s1 = Replace(s1, vbCrLf, " ")
s1 = Replace(Trim$(s1), " ", ",")
Print #n1, s1
Close #n1
Label12.Caption = "输入数据已保存于 DD.txt 文件中"
End Sub
Private Sub Command1_Click()
ff = "C:\Documents and Settings\AdminisTrator\桌面\DD.txt"
n1 = FreeFile: Open ff For Input As #n1
Input #n1, ds
tDS.Text = ds
Input #n1, xA, yA, aA
Text1(0).Text = xA
Text1(1).Text = yA
Text1(2).Text = aA
Input #n1, xB, yB, aB
Text1(3).Text = xB
Text1(4).Text = yB
Text1(5).Text = aB
Line Input #n1, s$
s = Replace(s$, " ", "")
s = Replace(s$, ",", vbCrLf)
tBB.Text = s
Line Input #n1, s$
```

```
s = Replace(s$, " ", "")
s = Replace(s$, ",", vbCrLf)
tSS.Text = s
'Line Input #n1, S$
If Not EOF(n1) Then MsgBox "数据文件格式有误!"
Close #n1
End Sub
Private Sub Command3_Click()
ds = Val(tDS.Text) + 2
If ds < 2 Then MsgBox "未知点数目有误", vbExclamation: Exit Sub
ReDim dx(0 To ds - 1) As Double, dy(0 To ds - 1) As Double
ReDim a(0 To ds - 1) As Double
'ReDim bi(0 To ds) As Double
'ReDim si(0 To ds - 2) As Double
s1 = Replace(tSS.Text, " ", "")
s1 = Replace(s1, vbCrLf, " "): s1 = Trim$(s1)
bi = Split(s1, " ")
If UBound(bi) <> ds - 1 Then
MsgBox "观测角数有误", vbExclamation: Exit Sub
End If
s1 = Replace(tBB.Text, " ", "")
s1 = Replace(s1, vbCrLf, " "): s1 = Trim$(s1)
si = Split(s1, " ")
If UBound(si) <> ds - 2 Then
MsgBox "观测边数有误", vbExclamation: Exit Sub
End If
xA = Val(Text1(0).Text)
yA = Val(Text1(1).Text)
aA = Val(Text1(2).Text)
xB = Val(Text1(3).Text)
yB = Val(Text1(4).Text)
aB = Val(Text1(5).Text)
hb = 0
fw = DEG(aA)
For ir = 0 To ds - 1
b1 = DEG(Val(bi(ir)))
hb = hb + b1
fw = fw + b1 - pi
If fw > 2 * pi Then
fw = fw - 2 * pi
ElseIf fw < 0 Then
fw = fw + 2 * pi
End If
Next
```

```
fb = fw - DEG(aB)
fb = Int(fb * 180# * 36000 / pi) / 10
fen = -fb / ds
fw = DEG(aA)
For ir = 0 To ds - 1
b1 = DEG(bi(ir)) + fen / 206265
fw = fw + b1 - pi
If fw > 2 * pi Then
fw = fw - 2 * pi
ElseIf fw < 0 Then
fw = fw + 2 * pi
End If
a(ir) = DMS(fw)
Next ir
hx = 0: hy = 0: hs = 0
For ir = 0 To ds - 2
a1 = DEG(a(ir))
dx(ir) = si(ir) * Cos(a1)
dy(ir) = si(ir) * Sin(a1)
hs = hs + si(ir)
hx = hx + dx(ir): hy = hy + dy(ir)
Next ir
fx = xA + hx - xB
fy = yA + hy - yB
fs = Sqr(fx * fx + fy * fy)
If fs < 0.000001 Then fs = 0.000001
For ir = 0 To ds - 2
dx(ir) = dx(ir) - fx * si(ir) / hs
dy(ir) = dy(ir) - fy * si(ir) / hs
Next
x = xA: y = yA
For ir = 1 To ds - 2
x = x + dx(ir - 1)
y = y + dy(ir - 1)
Debug.Print ir; ","; " x="; Format(x, "######.####"); ","; " y="; Format(y, "######.####")
Next ir
Debug.Print "角度闭合差  fb="; Int(fb + 0.5); "秒"
Debug.Print "坐标增量闭合差  fx="; Format(fx * 1000, "####"); "毫米"
Debug.Print "                      fy="; Format(fy * 1000, "####"); "毫米"
Debug.Print "全长闭合差      fs="; Format(fs * 1000, "####"); "毫米"
Debug.Print "导线全长        DD="; Format(hs, "#####.#"); "米"
Debug.Print "全长相对闭合差   K= 1/"; Int(hs / fs / 100) * 100
Debug.Print "End"
p = MsgBox("是否要将计算结果送往 Excel?", 4, "->Excel")
```

```
If p = 7 Then Debug.Print "计算结束!": End
Dim xlApp As Object
Dim xlBook As Object
Dim xls As Object
On Local Error Resume Next
Set xlApp = CreateObject("Excel.Application")
Set xlBook = Nothing
Set xls = Nothing
Set xlBook = xlApp.Workbooks().Add
Set xls = xlBook.Sheets(1)
xls.Name = "单一导线"
With xls
.Range("A1:I1").Merge
.Cells(1, 1).Value = "**单一导线近似计算(" & Date & ")"
.Cells(1, 1).Font.ColorIndex = 5
.Cells(2, 1).Value = "点名"
.Cells(2, 2).Value = "X(北)"
.Cells(2, 3).Value = "Y(东)"
.Cells(2, 4).Value = "观测左角"
.Cells(2, 5).Value = "改正"
.Cells(2, 6).Value = "方位角"
.Cells(2, 7).Value = "观测边长"
.Cells(2, 8).Value = "dX"
.Cells(2, 9).Value = "dY"
cc = 1
.Cells(3, cc).Value = "        A"
.Cells(4, cc).Value = "        A"
For ir = 1 To ds - 2
.Cells(2 * ir + 4, cc).Value = ir
Next
.Cells(2 * ir + 5, cc).Value = "        B"
.Cells(2 * ir + 6, cc).Value = "        B"
For cc = 1 To 5
For ir = 1 To ds
.Range(.Cells(2 * ir + 2, cc), .Cells(2 * ir + 3, cc)).Merge
Next
Next
For cc = 6 To 9
For ir = 0 To ds
.Range(.Cells(2 * ir + 3, cc), .Cells(2 * ir + 4, cc)).Merge
Next
Next
.Rows("3:" & 2 * ir + 5).RowHeight = 10
.Range(.Cells(5, 7), .Cells(2 * ds + 5, 9)).NumberFormatLocal = "0.000"
```

```
.Range(.Cells(4, 2), .Cells(2 * ds + 7, 3)).NumberFormatLocal = "0.000"
.Range(.Cells(4, 4), .Cells(2 * ds + 15, 4)).NumberFormatLocal = "0.0000"
.Range(.Cells(3, 5), .Cells(2 * ds + 7, 5)).NumberFormatLocal = "0.0"
.Range(.Cells(3, 6), .Cells(2 * ds + 9, 6)).NumberFormatLocal = "0.0000"
cc = 4
For ir = 1 To ds
.Cells(2 * ir + 2, cc).Value = Format$(bi(ir - 1), gs1)
Next
cc = 5
For ir = 1 To ds
.Cells(2 * ir + 2, cc).Value = fen
Next
cc = 6
For ir = 1 To ds - 1
.Cells(2 * ir + 3, cc).Value = a(ir - 1)
Next
.Cells(3, cc).Value = aA
.Cells(2 * ir + 3, cc).Value = aB
cc = 7
For ir = 1 To ds - 1
.Cells(2 * ir + 3, cc).Value = si(ir - 1)
Next
cc = 8
For ir = 1 To ds - 1
.Cells(2 * ir + 3, cc).Value = dx(ir - 1)
Next
cc = 9
For ir = 1 To ds - 1
.Cells(2 * ir + 3, cc).Value = dy(ir - 1)
Next
cc = 2: x = xA
For ir = 1 To ds - 2
x = x + dx(ir - 1)
.Cells(2 * ir + 4, cc).Value = x
Next
.Cells(4, cc).Value = xA
.Cells(2 * ir + 4, cc).Value = xB
cc = 3: y = yA
For ir = 1 To ds - 2
y = y + dy(ir - 1)
.Cells(2 * ir + 4, cc).Value = y
Next
.Cells(4, cc).Value = yA
.Cells(2 * ir + 4, cc).Value = yB
```

```
ir = 2 * ds + 5
.Range("A" & ir & ":I" & ir).Merge
ir = ir + 1
.Cells(ir, 3).Value = "Mb="
.Cells(ir, 3).HorizontalAlignment = xlRight
.Cells(ir, 4).Value = DMS(hb)
.Cells(ir, 6).Value = "fb=" & fb & "秒"
.Cells(ir, 7).Value = "Ms=" & hs & "米"
ir = ir + 1
hk = Int(hs / fs / 100) * 100
.Cells(ir, 8).Value = "fx=" & Format(fx, "0.###")
.Cells(ir, 9).Value = "fy=" & Format(fy, "0.###")
.Cells(ir, 6).Value = "fs=" & Format(fs, "0.###")
.Cells(ir, 7).Value = "K= 1/" & Format(hk, "0")
.Cells.HorizontalAlignment = xlRight
.Cells.VerticalAlignment = xlCenter
.Cells.EntireColumn.AutoFit
.PageSetup.Orientation = xlLandscape
.PageSetup.PaperSize = xiPaperA4
.PageSetup.Zoom = False
.PageSetup.FitToPagesWide = 1
.PageSetup.PitToPagesTall = False
.PageSetup.PrintGridlines = True
.PageSetup.CenterHorizontally = True
On Local Error GoTo 0
.Range("B3").Select
End With
xlApp.Application.Visible = True
'xlapp.ActiveWindow.SelectedSheets.PrintPreview
Set xlBook = Nothing
Set xls = Nothing
Set xlApp = Nothing
End Sub
Function DEG(ByVal dfm As Single) As Double
If dfm < 0 Then
'...
End If
x# = dfm + 0.000001
Duo% = Int(x)
fen% = Int((x# - Duo%) * 100)
mm# = (x# - Duo%) * 100 - fen% - 0.0001
mm# = Duo% + fen% / 60 + mm# / 36
DEG = mm# * pi / 180
End Function
```

```
Function DMS(ByVal a As Single) As Double
myd# = a * 180 / pi
Duo% = Int(myd#)
x = (myd# - Duo%) * 60
fen% = Int(x)
m = (x - fen%) * 60
DMS = Format$(((Duo% + fen% / 100 + m / 10000)), "#.00000")
End Function
```

# 附录五　测量实训作业记录与计算表格

## 一、水准仪检验和校正记录

日期____天气____专业____年级____班级____小组____观测____记录____检查____第__页

### 圆水准轴检验和校正绘图说明

| 项目 | 整平后圆水准器气泡位置 | 望远镜转180°后气泡位置 |
|---|---|---|
| 检验时 | | |
| 校正后 | | |

### 十字丝横丝检验和校正绘图说明

| 项目 | 检验时 | 校正后 |
|---|---|---|
| 点状标志偏离中横丝的情况 | | |

### 水准管轴检验和校正记录

| 第1次（校正前） | | | | 第2次（校正后） | | | |
|---|---|---|---|---|---|---|---|
| 测站 | 点号 | 读数（m） | 高差（mm） | 测站 | 点号 | 读数（m） | 高差（mm） |
| | | $a_1 =$ | $a_1 - b_1 =$ | | | $a_1 =$ | $a_1 - b_1 =$ |
| | | $b_1 =$ | | | | $b_1 =$ | |
| | | $a_2 =$ | $a_2 - b_2 =$ | | | $a_2 =$ | $a_2 - b_2 =$ |
| | | $b_2 =$ | | | | $b_2 =$ | |
| $\Delta = \dfrac{(a_2 - b_2) - (a_1 - b_1)}{2}$ $=$ | | | $i'' = 10 \times \Delta$ $=$ | $\Delta = \dfrac{(a_2 - b_2) - (a_1 - b_1)}{2}$ $=$ | | | $i'' = 10 \times \Delta$ $=$ |

注：表内 $a_1$、$b_1$、$a_2$、$b_2$ 分别为各四次读数的平均数，水准管轴检验示意图参见本书第一部分实验三中图 S2。

## 二、光学经纬仪检验和校正记录

### 照准部水准管轴检验和校正绘图说明

| 项目 | 整平后水准管气泡位置 | 照准部转180°后气泡位置 |
|---|---|---|
| 检验时 | | |
| 校正后 | | |

### 视准轴检验和校正记录

| | | | 第1次（校正前） | | | | | 第2次（校正后） | |
|---|---|---|---|---|---|---|---|---|---|
| 测站 | 平点目标 | 盘位 | 水平度盘读数<br>(° ′ ″) | $c$<br>(″) | 测站 | 平点目标 | 盘位 | 水平度盘读数<br>(° ′ ″) | $c$<br>(″) |
| | | 左 | | | | | 左 | | |
| | | 右 | | | | | 右 | | |
| | | 左 | | | | | 左 | | |
| | | 右 | | | | | 右 | | |

注：表内 $c = \dfrac{M_1 - (M_2 \pm 180°)}{2}$。

### 横轴检验和校正记录

| | | | 第1次（校正前） | | | | | 第2次（校正后） | |
|---|---|---|---|---|---|---|---|---|---|
| 测站 | 高点目标 | 盘位 | 水平度盘读数<br>(° ′ ″) | $c$<br>(″) | 测站 | 高点目标 | 盘位 | 水平度盘读数<br>(° ′ ″) | $c$<br>(″) |
| | | 左 | | | | | 左 | | |
| | | 右 | | | | | 右 | | |
| | | 左 | | | | | 左 | | |
| | | 右 | | | | | 右 | | |

注：表内 $c = \dfrac{M_1 - (M_2 \pm 180°)}{2}$。

### 十字丝竖丝检验和校正绘图说明

| 项目 | 检验时 | 校正后 |
|---|---|---|
| 点状标志偏离竖丝的情况 | | |

### 竖盘指标水准管轴检验和校正记录

| | | | 第1次（校正前） | | | | | | 第2次（校正后） | | |
|---|---|---|---|---|---|---|---|---|---|---|---|
| 测站 | 目标 | 盘位 | 竖盘读数<br>(° ′ ″) | 竖角<br>(° ′ ″) | $x$<br>(″) | 测站 | 目标 | 盘位 | 竖盘读数<br>(° ′ ″) | 竖角<br>(° ′ ″) | $x$<br>(″) |
| | | 左 | | | | | | 左 | | | |
| | | 右 | | | | | | 右 | | | |
| | | 左 | | | | | | 左 | | | |
| | | 右 | | | | | | 右 | | | |

注：表内 $x = \dfrac{\alpha_R - \alpha_L}{2}$ 或 $x = \dfrac{(L + R) - 360°}{2}$。

## 三、普通水准测量记录

**普通水准测量记录**

日期＿＿＿ 天气＿＿＿ 专业＿＿＿ 年级＿＿＿ 班级＿＿＿ 小组＿＿＿ 观测＿＿＿ 记录＿＿＿ 检查＿＿＿ 第＿＿页

| 测站 | 点号 | 后视读数 $a$ (m) | 前视读数 $b$ (m) | 高差 $h$ (m) | 平均高差 $h_{均}$ (m) | 说明 |
|---|---|---|---|---|---|---|
| | 仪高 (1) | | | | | |
| | 仪高 (2) | | | | | |
| | 仪高 (1) | | | | | |
| | 仪高 (2) | | | | | |
| | 仪高 (1) | | | | | |
| | 仪高 (2) | | | | | |
| | 仪高 (1) | | | | | |
| | 仪高 (2) | | | | | |
| | 仪高 (1) | | | | | |
| | 仪高 (2) | | | | | |
| | 仪高 (1) | | | | | |
| | 仪高 (2) | | | | | |
| | 仪高 (1) | | | | | |
| | 仪高 (2) | | | | | |
| | 仪高 (1) | | | | | |
| | 仪高 (2) | | | | | |
| 检核 | | $\sum a =$ | $\sum b =$ | $\sum h =$ | $\sum a - \sum b =$ $\qquad$ $2\sum h_{均} =$ | |

## 四、四等水准测量手簿

四等水准测量手簿

日期____天气____专业____年级____班级____小组____观测____记录____检查____第____页

| 测站编号 | 点 号 | 后尺 上/下 后视距(m) 前、后视距差(m) | 前尺 上/下 前视距(m) 累计差(m) | 方向及尺号 | 水准尺读数（m）黑面 | 水准尺读数（m）红面 | K+黑－红（mm） | 高差中数（m） | 说明 |
|---|---|---|---|---|---|---|---|---|---|
| | | (1) | (4) | 后 | (3) | (8) | (13) | | $K_1 =$ |
| | | (2) | (5) | 前 | (6) | (7) | (14) | (18) | $K_2 =$ |
| | | (9) | (10) | 后－前 | (16) | (17) | (15) | | |
| | | (11) | (12) | | | | | | |
| | | | | 后1 | | | | | |
| | | | | 前2 | | | | | |
| | | | | 后－前 | | | | | |
| | | | | 后2 | | | | | |
| | | | | 前1 | | | | | |
| | | | | 后－前 | | | | | |
| | | | | 后1 | | | | | |
| | | | | 前2 | | | | | |
| | | | | 后－前 | | | | | |
| | | | | 后2 | | | | | |
| | | | | 前1 | | | | | |
| | | | | 后－前 | | | | | |
| | | | | 后1 | | | | | |
| | | | | 前2 | | | | | |
| | | | | 后－前 | | | | | |
| | | | | 后2 | | | | | |
| | | | | 前1 | | | | | |
| | | | | 后－前 | | | | | |

校核

$\sum(9) =$
$\sum(10) =$
(12)末站 =
总距离 =

$\sum(3) =$　　$\sum(8) =$　　$\sum(6) =$　　$\sum(7) =$
$\sum(16) =$　　$\sum(17) =$　　$\sum(18) =$
$\frac{1}{2}\left[\sum(16) + \sum(17) \pm 0.100\right] =$

117

## 五、高差闭合差调整及待定点高程计算表

**高差闭合差调整及待定点高程计算表**

日期____天气____专业____年级____班级____小组____观测____计算____检查____第___页

| 点号 | 测站数 | 距离<br>（km） | 实测高差<br>（m） | 改正数<br>（m） | 改正后高差<br>（m） | 高程<br>（m） |
|------|--------|--------|--------|--------|--------|--------|
|  |  |  |  |  |  |  |
|  |  |  |  |  |  |  |
|  |  |  |  |  |  |  |
|  |  |  |  |  |  |  |
|  |  |  |  |  |  |  |
|  |  |  |  |  |  |  |
|  |  |  |  |  |  |  |
|  |  |  |  |  |  |  |
|  |  |  |  |  |  |  |
|  |  |  |  |  |  |  |
|  |  |  |  |  |  |  |
|  |  |  |  |  |  |  |
|  |  |  |  |  |  |  |
|  |  |  |  |  |  |  |
| 辅助<br>计算 | $f_h =$ <br> $f_{h容} =$ （mm） |  |  |  |  |  |

## 六、水平角（方向观测法）测量记录

日期＿＿＿天气＿＿＿专业＿＿＿年级＿＿＿班级＿＿＿小组＿＿＿观测＿＿＿＿＿计算＿＿＿＿＿检查＿＿＿＿＿第＿＿页

方向观测示意图

| 测回数 | 测站 | 照准点 | 盘左读数 (° ′ ″) | 盘右读数 (° ′ ″) | 2c (″) | $\dfrac{L+R\pm180°}{2}$ (° ′ ″) | 一测回归零方向值 (° ′ ″) | 各测回归零方向平均值 (° ′ ″) | 角值 (° ′ ″) |
|---|---|---|---|---|---|---|---|---|---|
| | | | | | | | | | |
| | | | | | | | | | |
| | | | | | | | | | |
| | | | | | | | | | |
| | | | | | | | | | |
| | | | | | | | | | |
| | | | | | | | | | |
| | | | | | | | | | |
| | | | | | | | | | |
| | | | | | | | | | |

# 七、水平角(测回法)(含全站仪测高差)测量记录

## 水平角(测回法)测量记录

日期___天气___专业___年级___班级___小组___观测___记录___检查___第___页

| 测站仪高 $i$ | 目标 | 镜高 $l$ | 竖盘位置 | 水平度盘读数(° ′ ″) | 半测回角值(° ′ ″) | 一测回角值(° ′ ″) | 高差(m) VD | 高差(m) $h$ | 高差(m) 平均 $h$ |
|---|---|---|---|---|---|---|---|---|---|
| $i =$ | | | 左 | | | | | | |
| | | | 右 | | | | | | |
| $i =$ | | | 左 | | | | | | |
| | | | 右 | | | | | | |
| $i =$ | | | 左 | | | | | | |
| | | | 右 | | | | | | |
| $i =$ | | | 左 | | | | | | |
| | | | 右 | | | | | | |
| $i =$ | | | 左 | | | | | | |
| | | | 右 | | | | | | |
| $i =$ | | | 左 | | | | | | |
| | | | 右 | | | | | | |
| $i =$ | | | 左 | | | | | | |
| | | | 右 | | | | | | |
| $i =$ | | | 左 | | | | | | |
| | | | 右 | | | | | | |

注:测站点至目标点高差 $h$ =仪器中心至棱镜中心高差 $VD$ +仪高 $i$ -镜高 $l$(单位:m)。

## 八、距离测量记录

**距离测量记录**

日期____天气____专业____年级____班级____小组____观测____记录____检查____第____页

| 测线 | | 往测 | | 返测 | | 往返平均距离(m) | 往返差值(m) | 往返相对误差 $K$ |
|------|------|------|------|------|------|------|------|------|
| 起点号 | 终点号 | 钢尺尺段数 | $D_i$ (m) | 钢尺尺段数 | $D_i$ (m) | | | |
| | | 余数 | | 余数 | | | | |
| | | | | | | | | |
| | | | | | | | | |
| | | | | | | | | |
| | | | | | | | | |
| | | | | | | | | |
| | | | | | | | | |
| | | | | | | | | |
| | | | | | | | | |
| | | | | | | | | |
| | | | | | | | | |
| | | | | | | | | |
| | | | | | | | | |
| | | | | | | | | |
| | | | | | | | | |
| | | | | | | | | |
| | | | | | | | | |
| | | | | | | | | |
| | | | | | | | | |
| | | | | | | | | |

**注**:如用全站仪光电测距,则表内"钢尺尺段数"和"余数"两栏均不填。

121

## 九、导线闭合差调整及坐标计算表

**导线闭合差调整及坐标计算**

日期____天气____专业____年级____班级____小组____观测____计算____检查____第____页

| 点号 | 观测角 $\beta$ (° ′ ″) | 改正后观测角 $\beta$ (° ′ ″) | 方位角 $\alpha$ (° ′ ″) | 距离 $D$ (m) | 纵坐标增量 $\Delta x'$ (m) | 横坐标增量 $\Delta y'$ (m) | 改正后 $\Delta x$ (m) | 改正后 $\Delta y$ (m) | 纵坐标 $x$ (m) | 横坐标 $y$ (m) |
|------|------|------|------|------|------|------|------|------|------|------|
| (1) | (2) | (3) | (4) | (5) | (6) | (7) | (8) | (9) | (10) | (11) |
| | | | | | | | | | | |
| | | | | | | | | | | |
| | | | | | | | | | | |
| | | | | | | | | | | |
| | | | | | | | | | | |
| | | | | | | | | | | |
| | | | | | | | | | | |
| | | | | | | | | | | |
| | | | | | | | | | | |
| | | | | | | | | | | |
| | | | | | | | | | | |
| | | | | | | | | | | |
| | | | | | | | | | | |
| | | | | | | | | | | |
| | | | | | | | | | | |

辅助计算

$f_\beta =$

$f_{\beta允} = \pm 60''\sqrt{n} =$

$f_x = \qquad\qquad f_y =$

$f_D = \pm \sqrt{f_x{}^2 + f_y{}^2} =$

$K = \qquad\qquad K_允 =$

十、控制测量成果表

## 控制测量成果表

日期____天气____专业____年级____班级____小组____学号____计算____检查____第____页

| 点号 | $X$(m) | $Y$(m) | $H$(m) | 点号~点号 | 平距(m) | 方位角 | 说明 |
|------|--------|--------|--------|-----------|---------|--------|------|
|      |        |        |        |           |         |        |      |
|      |        |        |        |           |         |        |      |
|      |        |        |        |           |         |        |      |
|      |        |        |        |           |         |        |      |
|      |        |        |        |           |         |        |      |
|      |        |        |        |           |         |        |      |
|      |        |        |        |           |         |        |      |
|      |        |        |        |           |         |        |      |
|      |        |        |        |           |         |        |      |
|      |        |        |        |           |         |        |      |
|      |        |        |        |           |         |        |      |
|      |        |        |        |           |         |        |      |
|      |        |        |        |           |         |        |      |
|      |        |        |        |           |         |        |      |
|      |        |        |        |           |         |        |      |
|      |        |        |        |           |         |        |      |
|      |        |        |        |           |         |        |      |

## 十一、矩形建筑物角点测设数据计算表

### 矩形建筑物角点测设数据计算

日期_____天气_____专业_____年级_____班级_____小组_____学号_____计算_____检查_____第_____页

测站点_____后视点_____

| 点号 | X(m) | Y(m) | 方向号 | 方位角<br>(° ′ ″) | 水平角<br>(° ′ ″) | 平距<br>(m) |
|------|------|------|--------|--------|--------|--------|
| (A) | 100.000 | 200.000 | $i \sim j$ | | | |
| (B) | 100.000 | 250.000 | $(A) \sim (B)$ | | | |
| E | 101.200 | 197.250 | $(A) \sim E$ | | | |
| F | 102.500 | 197.250 | $(A) \sim F$ | | | |
| A | 102.500 | 193.350 | $(A) \sim A$ | | | |
| B | 108.700 | 193.350 | $(A) \sim B$ | | | |
| C | 108.700 | 206.250 | $(A) \sim C$ | | | |
| D | 101.200 | 206.250 | $(A) \sim D$ | | | |

计算式：

$$\alpha_{ij} = \arctan \frac{Y_j - Y_i}{X_j - X_i} =$$

$$\beta_{Aj} = \alpha_{Aj} - \alpha_{AB} =$$

$$D_{Aj} = \sqrt{(X_j - X_A)^2 + (Y_j - Y_A)^2} =$$

## 十二、建筑物角点测设相对点位检测表

### 矩形建筑物角点测设相对点位检测表

日期_____天气_____专业_____年级_____班级_____小组_____观测_____记录_____检查_____第_____页

| 点号 | $\beta_i$ | | | $D_{Ai}$ | | | |
|------|------|------|------|------|------|------|------|
| | 测设 | 实测<br>(° ′ ″) | 较差<br>(″) | 边号 | 测设<br>(m) | 实测<br>(m) | 较差<br>(mm) |
| A | 90° | | | AB | 6.20 | | |
| B | 90° | | | BC | 12.90 | | |
| C | 90° | | | CD | 7.50 | | |
| D | 90° | | | DE | 9.00 | | |
| E | 90° | | | EF | 1.30 | | |
| F | 90° | | | FA | 3.90 | | |

## 十三、施工场地平整水准测量记录

### 施工场地平整水准测量记录

日期＿＿＿天气＿＿专业＿＿＿年级＿＿＿班级＿＿＿小组＿＿＿观测＿＿＿记录＿＿＿检查＿＿＿第＿＿＿页

| 测站 | 点号 | 第一次观测 | | | | 第二次观测 | | | | 平均高程 $H_i$（m） |
|---|---|---|---|---|---|---|---|---|---|---|
| | | 后视读数（m） | 视线高（m） | 前视读数（m） | 高程（m） | 后视读数（m） | 视线高（m） | 前视读数（m） | 高程（m） | |
| | | | | | | | | | | |
| | | | | | | | | | | |
| | | | | | | | | | | |
| | | | | | | | | | | |
| | | | | | | | | | | |
| | | | | | | | | | | |
| | | | | | | | | | | |
| | | | | | | | | | | |
| | | | | | | | | | | |
| | | | | | | | | | | |
| | | | | | | | | | | |
| | | | | | | | | | | |
| | | | | | | | | | | |
| | | | | | | | | | | |
| | | | | | | | | | | |
| | | | | | | | | | | |
| | | | | | | | | | | |
| | | | | | | | | | | |
| | | | | | | | | | | |
| | | | | | | | | | | |
| | | | | | | | | | | |
| | | | | | | | | | | |
| | | | | | | | | | | |

# 十四、施工场地平整土方量计算表

## 施工场地平整土方量计算表

日期____ 天气____ 专业____ 年级____ 班级____ 小组____ 学号____ 计算____ 检查____ 第____页

| 零点高程计算 | 图上零线内插 |
|---|---|
| 设:权值 $P_i$<br>角点 0.25<br>边点 0.50<br>拐点 0.75<br>中点 1.00<br>零点高程<br><br>$$H_0 = \frac{\sum(P_iH_i)}{\sum P_i}$$<br>=<br><br>说明:每方格实地<br>长、宽为 10 m × 10 m | (方格网图) |

| 方格号 | 各点挖深(+)或填高(-)(m) | | | | 挖方(m³) | | | 填方(m³) | | | 说明 |
|---|---|---|---|---|---|---|---|---|---|---|---|
| | 左上 | 右上 | 左下 | 右下 | 均深 | 面积 | 方量 | 均高 | 面积 | 方量 | |
| | | | | | | | | | | | |
| | | | | | | | | | | | |
| | | | | | | | | | | | |
| | | | | | | | | | | | |
| | | | | | | | | | | | |
| | | | | | | | | | | | |
| | | | | | | | | | | | |
| | | | | | | | | | | | |
| | | | | | | | | | | | |
| | | | | | | | | | | | |
| | | | | | | | | | | | |
| | | | | | | | | | | | |
| | | | | | | | | | | | |
| | | | | | | | | | | | |
| | | | | | | | | | | | |
| 合计 | | | | | | | | | | | |

## 十五、土地面积测量记录

专业_____级____班____组_____观测、记录_____日期_____地块名称_____
第 1 次测量面积 = _____ m$^2$,第 2 次测量面积 = _____ m$^2$,
较差 = _____ m$^2$,两次测量平均面积 = _____ m$^2$,
合_____亩(1 亩 = 666.6 m$^2$)。

# 附录六　测量实训操作考查题选

## 一、测量实训操作考查题之一——四等水准测量

日期____天气____专业____年级____班级____小组____学号____姓名____成绩____

开始时间_____结束时间_____

### (一)内容及评分标准

四等水准测量——用 $DS_3$ 型水准仪完成一个测站上的观测、记录和计算。

时间要求:8 min 内完成为 100 分,每增加 1 min 扣 5 分。

精度要求:每标尺红、黑面读数差不超过 ±3 mm,每超过 1 mm 扣 1 分。

　　　　　两标尺之间的红、黑面高差之差不超过 ±5 mm,每超过 1 mm 扣 1 分。

　　　　　测站高差中数与该测站高差的正确值相比较,每超过 1 mm 扣 1 分。

记录书写和计算错误扣 5～10 分。

### (二)观测、记录与计算

| 点　号 | 后尺 上/下 后视距(m) 前、后视距差(m) | 前尺 上/下 前视距(m) 累计差(m) | 方向及尺号 | 水准尺读数(m) 黑面 | 红面 | $K+$黑－红 (mm) | 高差中数 (m) | 说明 |
|---|---|---|---|---|---|---|---|---|
| | (1) | (5) | 后 | (3) | (4) | (13) | | |
| | (2) | (6) | 前 | (7) | (8) | (14) | (18) | $K_1=4.687$ |
| | (9) | (10) | 后－前 | (16) | (17) | (15) | | $K_2=4.787$ |
| | (11) | (12) | | | | | | |
| 后1 ― 前2 | | | 后1 | | | | | |
| | | | 前2 | | | | | |
| | | | 后－前 | | | | | |
| 后1 ― 前2 | | | 后2 | | | | | |
| | | | 前1 | | | | | |
| | | | 后－前 | | | | | |

### (三)成绩评定

| 标准高差(m) | 差值(mm) | 扣分 | 完成时间 | 扣分 | 其他 | 扣分 | 得分 |
|---|---|---|---|---|---|---|---|
| | | | | | | | |

## 二、测量实训操作考查题之二——水平角测量（测回法）

日期____天气____专业____年级____班级____小组____学号____姓名____成绩____

开始时间_____结束时间_____

### （一）内容及评分标准

普通水平角测量——用 DJ$_6$ 型经纬仪在指定测站整平仪器,对中,然后对指定目标进行 1 个测回水平角的观测、记录和计算。

时间要求:10 min 内完成为 100 分,每增加 1 min 扣 5 分。

精度要求:$|\beta_左 - \beta_右|$ 不超过 40″,每超过 6″ 扣 2 分。

一测回角值与该角值的正确值相比较,每超过 6″ 扣 2 分。

记录书写和计算错误扣 5~10 分 。

### （二）观测、记录与计算

| 测站（点 号） | 目标 | 竖盘位置 | 水平度盘读数（° ′ ″） | 半测回角值（° ′ ″） | 一测回角值（° ′ ″） | 说明 |
|---|---|---|---|---|---|---|
| | A | 左 | | | | |
| | B | | | | | |
| | A | 右 | | | | |
| | B | | | | | |
| | A | 左 | | | | |
| | B | | | | | |
| | A | 右 | | | | |
| | B | | | | | |

### （三）成绩评定

| 标准角值 | 差值(″) | 扣分 | 完成时间 | 扣分 | 其他 | 扣分 | 得分 |
|---|---|---|---|---|---|---|---|
| | | | | | | | |

## 三、测量实训操作考查题之三——竖直角测量（测回法）

日期____天气____专业____年级____班级____小组____学号____姓名____成绩____

开始时间_____结束时间_____

### （一）内容及评分标准

普通竖直角测量——在指定 $O$ 点安置经纬仪,整平仪器,测量指定目标 $A$ 点的竖直角,1 个测回,同时完成其观测、记录和竖直角与指标差计算。

时间要求:8 min 内完成为 100 分,每增加 1 min 扣 5 分。

精度要求:与竖直角正确值相比较,每超过6″扣2分。

记录书写和计算错误扣5~10分。

## (二)观测、记录与计算

| 测站 | 目标 | 竖盘位置 | 竖盘读数 (° ′ ″) | 半测回竖角 (° ′ ″) | 一测回竖角 (° ′ ″) | $x = \dfrac{\alpha_R - \alpha_L}{2}$ |
|------|------|----------|------------------|--------------------|--------------------|--------------------------------------|
|      |      | 左       |                  |                    |                    |                                      |
|      |      | 右       |                  |                    |                    |                                      |
|      |      | 左       |                  |                    |                    |                                      |
|      |      | 右       |                  |                    |                    |                                      |

## (三)成绩评定

| 标准角值 | 差值(″) | 扣分 | 完成时间 | 扣分 | 其他 | 扣分 | 得分 |
|----------|---------|------|----------|------|------|------|------|
|          |         |      |          |      |      |      |      |

## 四、测量实训操作考查题之四——全站仪坐标测量

日期＿＿＿天气＿＿＿专业＿＿＿年级＿＿＿班级＿＿＿小组＿＿＿学号＿＿＿姓名＿＿＿成绩＿＿＿

开始时间＿＿＿＿＿＿＿结束时间＿＿＿＿＿＿＿

### (一)内容及评分标准

全站仪坐标测量——以已知点 A 为测站点(自仪器的整平、对中开始),已知点 B 为后视方向,假设的已知点坐标和仪器高、棱镜高列于下。测定未知点 P 的三维坐标,将测量结果填入下表。

时间要求:8 min 内完成为100分,每增加1 min 扣5分。

精度要求:与 P 点三维坐标的正确值相比较,每项超过1 cm 扣2分。

其他错误扣5~10分。

### (二)观测与记录

**全站仪坐标测量记录**

测站点　$O$　$N_O = 2\,000.000$ m、$E_O = 1\,500.000$ m、$Z_O = 30.00$ m, 仪器高 $i = 1.55$ m

后视点　$A$　$N_A = 1\,650.000$ m、$E_A = 560.000$ m, 棱镜高 $l = 1.60$ m(均为假设)

| 点号 | $N_P$(m) | $E_P$(m) | $Z_P$(m) |
|------|----------|----------|----------|
| $P$  |          |          |          |

### (三)成绩评定

| 测量误差 | 扣分 | 完成时间 | 扣分 | 其他 | 扣分 | 得分 |
|----------|------|----------|------|------|------|------|
|          |      |          |      |      |      |      |

### 五、测量实训操作考查题之五——极坐标法点位测设

日期＿＿＿天气＿＿＿专业＿＿＿年级＿＿＿班级＿＿＿小组＿＿＿学号＿＿＿姓名＿＿＿成绩＿＿＿

开始时间＿＿＿＿＿＿＿结束时间＿＿＿＿＿＿＿

**（一）内容及评分标准**

极坐标法点位测设元素计算——以已知点 $A$ 为测站点,已知点 $B$ 为后视方向,按极坐标法测设 $P$ 点,假设的 $A$ 点和 $B$ 点的已知坐标和 $P$ 点的设计坐标已列于下表。

(1)计算其测设元素:$\angle BAP$ 和水平距离 $D_{AP}$,并将计算结果填入下表。

(2)回答测设 $P$ 点的操作步骤。

时间要求:8 min 内完成为 100 分,每增加 1 min 扣 5 分。

精度要求:与测设数据正确值相比较,错 1 项扣 20 分。

其他错误扣 5~10 分。

**（二）已知坐标、设计坐标和计算结果**

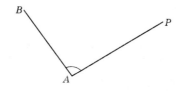

**示意图**

| 点名 | $x$(m) | $y$(m) | 计算结果 |
|---|---|---|---|
| 测站点 $A$ | 285.684 | 162.345 | $\angle BAP =$ |
| 后视点 $B$ | 330.681 | 73.040 | |
| 测设点 $P$ | 198.324 | 238.265 | $D_{AP} =$ |

**（三）测设点的操作步骤**

**（四）成绩评定**

| 标准高度 | 差值(m) | 扣分 | 完成时间 | 扣分 | 其他 | 扣分 | 得分 |
|---|---|---|---|---|---|---|---|
| | | | | | | | |

# 参 考 文 献

［1］潘松庆.测量技术基础［M］.郑州:黄河水利出版社,2012.

［2］杨正尧,程曼华,陆国胜.测量学实验与习题［M］.武汉:武汉大学出版社,2001.

［3］纪勇.数字测图技术应用教程［M］.郑州:黄河水利出版社,2008.

［4］周立.GPS测量技术［M］.郑州:黄河水利出版社,2006.

［5］卢正.建筑工程测量实训指导［M］.北京:科学出版社,2003.

［6］覃辉.土木工程测量［M］.重庆:重庆大学出版社,2011.

［7］秦永乐.Visual Basic 测绘程序设计［M］.2 版.郑州:黄河水利出版社,2011.

［8］南方测绘仪器有限公司,南方测绘 DL－202 数字水准仪使用说明书,2008.

［9］南方测绘仪器有限公司.南方测绘 NTS－312 型全站仪使用说明书,2008.

［10］南方测绘仪器有限公司,数字化地形地籍成图系统 CASS 2008 用户手册,2008.

［11］中华人民共和国质量监督检验检疫总局,中国国家标准化管理委员会.GB/T 20257.1—2007 国家
基本比例尺地图图式 第一部分:1:500 1:1000 1:2000.地形图图式［S］.北京:中国标准出版社,
2007.

［12］中华人民共和国质量监督检验检疫总局,中国国家标准化管理委员会.GB/T 12898—2009.国家
三、四等水准测量规范［S］.北京:中国标准出版社,2009.

［13］中华人民共和国建设部.CJJ 8—99 城市测量规范［S］.北京:中国建筑工业出版社,1999.